农村实用人才培训系列丛书

2012

新型农民培训教材

2012版

徐仙娥　主编

中国农业科学技术出版社

图书在版编目（CIP）数据

新型农民培训教材2012版／徐仙娥主编．—北京：中国农业科学技术出版社，2012.8

ISBN 978－7－5116－1040－9

Ⅰ.①新…　Ⅱ.①徐…　Ⅲ.农业技术－技术培训－教材　Ⅳ.①S

中国版本图书馆CIP数据核字（2012）第185075号

责任编辑　崔改泵
责任校对　贾晓红

出 版 者　中国农业科学技术出版社
北京中关村南大街12号　邮编：100081
电　　话　（010）82109194（编辑室）（010）82109704（发行部）
（010）82109709（读者服务部）
传　　真　（010）82106631
网　　址　http：//www.castp.cn
经 销 者　北京新华书店北京发行所
印 刷 者　中煤涿州制图印刷厂
开　　本　850mm×1168mm　1/32
印　　张　6.875
字　　数　185千字
版　　次　2012年8月第1版　2012年8月第1次印刷
定　　价　18.00元

《新型农民培训教材》2012版

编　委　会

前　言

建设社会主义新农村，是党中央审时度势，从全面建设小康社会的全局出发作出的重大战略决策，是落实科学发展观的重大历史任务。要顺利完成这一重大的战略任务，关键是大力培育新型农民。农民是建设新农村的主体，农民素质的高低直接决定着新农村建设的步伐，也是影响我国经济和社会持续发展的重要因素。培育造就千千万万有文化、懂技术、会经营的新型农民，是社会主义新农村建设的根本任务，也是最为迫切的时代要求。

近六年来，我们就如何培育和造就新型农民，采取了一系列行之有效的措施，充分利用各类教育培训资源，大规模、大范围开展新型农民培训，致力于将农民培育成为具有一定文化道德修养、科学技术素质和市场营销理念的现代农民。为了更好地开展新型农民和农业产业人才培训，提高培训针对性和实效性，农民培训中心集中时间和精力编写新型农民培训系列教材。前五年，我们已编辑出版《新型农民培训教材——素质教育篇》、《新型农民培训教材——经营管理篇》、《新型农民培训教材——实用技术篇》以及《新型农民培训系列教材》2008版、2009版、2010版、2011版7本教材。

2011年，我们立足实际、创新载体，紧紧围绕“以产业培育人才，以人才推动产业发展”目标，启动实施了农村创业带头人“十百千”帮培工程，利用“名师带高徒”帮培运作优势，采取“传帮带”等培训模式，着力构建了以培训为基础、以服务为抓手、以帮扶为支撑的“三位一体”的新型农民培养模式。一年来，在上级农业专家名师的帮培下，“十百千”帮培工程取得了明显成效，深受广大农民欢迎。一年来，我们积极培育了“十方”产业带头人，重点培养了百名科技示范户，帮扶带动了千户家庭致富增收，着力建立了十大示范实训基地，努力创建 4 所专业技术培训学校，成功引进了 30 余个农业新品种，推广应用了 4 个高新技术，合作实施了 4 个省级农技推广项目。

2012 年，为确保新型农民培训教材实效性、科学性、连续性、权威性，我们继续组织编写《新型农民培训系列教材》2012 版，并且特邀了浙江省农业科学院、浙江省林业科学研究院、中国农业科学院茶叶研究所等单位的知名农业专家名师撰稿。各位专家紧密结合农业产业发展和农民实际需求，理论联系实际，由浅入深、简明扼要地介绍了所需知识，详细、具体、清晰地描述了技能要领和步骤，明确细化了重点、难点和关键内容，技术观点具有科学性、创新性，文字精练通俗易懂，其技术创新达到了国内较高水准。

同时为了进一步丰富新型农民培训内容和促进创业创新，本教材针对农民创业发展需求，将农民文化素质修养的各个方面、国家强农惠农的具体政策，具体、系统地提供给广大新型农民参加学校培训和自学。本教材可做为农村基层技术推广人员及农村基层干部的培训用书，也可供寻求致富之路的广大农民朋友参考与使用。

由于时间紧迫，水平有限，书中错误疏漏在所难免，敬请广大教师和农民朋友及读者批评指正，以期再版修订时予以改正。

本书编委会

二〇一二年五月

目　录

第一章　文化素质

第一节　新型农民“四德”教育

党的十七大报告指出，要推动社会主义文化的发展和繁荣，必须“大力弘扬爱国主义、集体主义、社会主义思想，以增强诚信意识为重点，加强社会公德、职业道德、家庭美德、个人品德建设”。把社会公德、职业道德、家庭美德、个人品德的“四德”建设提到事关和谐文化建设的战略高度，具有很强的针对性和指导性，为建设和谐文化指明了方向。

一、四德建设的主要内容

新型农民基本道德规范主要以社会公德、职业道德、家庭美德、个人品德等“四德”为内容，突出“善、诚、孝、强”四个字，积极倡导助人为乐、见义勇为、诚实守信、敬业奉献、孝老爱亲等五种行为。

1. 社会公德建设

以“善”字为核心，以“礼仪”为重点，引导群众常怀善心，常行善举，以善为乐，主要包括文明礼貌、助人为乐、爱护公物、保护环境和遵纪守法等。

2. 职业道德建设

以“诚”字为核心，以“敬业”为重点，引导群众以诚立身，诚挚待人，以诚兴业，主要包括诚实守信、爱岗敬业、办事公道、热心服务、奉献社会等。

3. 家庭美德建设

以“孝”字为核心，以“和睦”为重点，引导群众以孝为本，勤俭持家，孝俭养德，主要包括夫妻和睦、孝敬长辈、关爱孩子、邻里团结、勤俭持家等。

4. 个人品德建设

以“强”字为核心，以“互助”为重点，引导群众自强不息，奋进不止，争先创优，主要包括友善互助、正直宽容、明礼守信、热情诚恳、自强自立等。

二、四德建设的内在关系

四德建设必须以个人品德修养为基础。社会公德、职业道德、家庭美德、个人品德等“四德”是一个有机的统一体，其外延由大到小，内涵由浅到深，共同构成一个完善的道德体系。在四德建设中，人的能动性及个人品德建设是至关重要的，加强社会主义道德建设、构建和谐文化体系的进程，个人的修养特别是个人品德的修养是树立四德意识、规范言行举止、建设和谐家庭、模范地做好工作、维护社会和谐的基础。可以说，个人品德修养犹如石投水中引起环形水波一样，是四德建设的波源和基点。实际上，这是要求我们每个人在道德建设过程中自觉地以自身品德修养为起点，要进一步加强内在修养。社会公德、职业道德、家庭美德、个人品德体现为一种系列而紧密关系，个人品德是系列之始，亦即个人品德、修养、构建和谐家庭、建设和谐社会有内在的统一性，个人品德修养是社会公德的扩大，家庭美德、职业道德、社会公德是个人品德的外化与扩大。不仅如此，在道德建设与人的关系中，人还是道德的体现者，只有个人具备优良品德修养才能由己及人，才能由己及家庭、集体和社会。我们常说，榜样的力量是无穷的，和谐文化中道德建设也是如此。

三、四德建设的重要途径

必须培养践行四德的能力。我们不仅要有建设四德、实践四德的愿望，还要具备践行四德的能力。为此，必须培养新型农民践行四德的素质和能力，培养新型农民具有自觉践行四德的社会责任感。为此，一定要树立爱国主义、集体主义、社会主义思想，在全社会加强对新型农民的理想信念教育，不断增强在中国特色社会主义道路上为中华民族伟大复兴坚定信念和贡献力量的信心。一定要把社会主义核心价值体系融入国民教育和精神文明建设全过程，以社会主义核心价值体系引领社会文化发展，汲取人类优秀文化营养。尊重差异，包容多样，最大限度地形成社会思想共识。一定要加强学习、努力实践，学习与实践相结合。要自觉地用道德规范言行，必须学习；要成为道德楷模，更要不断地学习；要坚持向历史和现实学习，向人民和实践学习，不断升华、超越自我，活到老学到老，活到老实践到老，使学习与实践相互激荡、相互提升，从而有效地提高自身践行四德的素质和能力。

第二节　新农村文化建设

农村文化建设是当前我国社会主义新农村建设的重要组成部分，又是我国整个文化建设的重要组成部分。改革开放30多年来，农村文化建设有了很大的发展，尤其是近年来，国家加大了基层文化事业建设发展力度，改扩建乡镇综合文化站，发展村级农家书屋，极大满足了广大农民群众的文化需求。

社会主义新农村的文化建设，主要指在加强农村公共文化建设的基础上，开展多种形式的、体现农村地方特色的群众文化活动，丰富农民群众的精神文化生活。党的十七届六中全会通过的《关于深化文化体制改革推动社会主义文化大发展大繁荣若干重大问题的决定》中，对农村文化建设高度重视，对文化服务三农事业提出了新的要求，围绕增加农村文化服务总量、缩小城乡文化发展差距提出了一系列具体政策措施。这将对农业现代化和社会主义新农村建设、形成城乡经济社会发展一体化新格局提供强大的推动力。因此，适应新形势、新变化，丰富活跃农村文化生活，用先进文化占领农村思想文化阵地，让农民的“脑袋”和“口袋”同时鼓起来，已成为当前新农村文化建设的一项重要内容。

一、新农村文化建设的重要意义

新农村文化建设，具有十分重要的现实意义和深远的战略意义。文化不仅与经济、政治共同构成综合国力的三大支柱，而且文化建设又是保持社会稳定与经济发展的基础。社会的稳定与发展受到经济、政治、文化等因素的影响与制约，而经济的发展与政治的进步，又离不开文化的支撑。经济的竞争归根结底是文化的竞争、人才的竞争、智力的竞争。同样，新农村文化建设，也是保持农村社会稳定、和谐，促进农村经济、政治发展的基础与前提，也就是说，文化建设是新农村建设的灵魂。只有较高的文化素质和良好的文化环境、文化氛围，才会有较强的经济基础和良好的社会基础、政治环境。

1. 新农村文化建设是发展农村经济和提高农民生活水平的重要保障

建设新农村，把发展农业和农村经济、增加农民收入放在首位是必要的，但不能把文化建设与经济建设割裂开，文化建设有利于促进农村经济发展和农民生活水平的提高。第一，农村新文化建设能够增强农民投身于新农村建设的各种技能和本领，提高农民建设社会主义新农村的思想认识和自觉性，为社会主义新农村建设提供精神动力和智力支持。第二，在经济和文化互相融合的市场经济发展中，文化已不再是经济发展的服务手段，而是新型的朝阳产业，成为当地经济发展的重要产业，它是农村发展、农业增产、农民增收的有效途径。第三，农村文化建设不仅能够通过提高农民的各种技能和本领发展生产，改善农民的物质生活条件，而且能够通过开展优质高效的文化服务，提供高雅健康的文化产品，组织丰富多彩的文化活动，不断满足农民群众的精神文化需要。

2. 新农村文化建设是推动农村乡风文明和构建和谐社会的主要途径

加强新农村文化建设，对于缓和社会矛盾，形成良好的“乡风”、“民风”也有着巨大的推动作用。党中央对建设社会主义新农村提出了“生产发展、生活宽裕、乡风文明、村容整洁、管理民主”的目标要求。其中乡风文明成为社会主义新农村建设的重要目标，它表现为农民在思想观念、道德规范、科学知识、文化修养、行为操守与时俱进，并且蔚然成风。农村文化建设不仅为新农村建设营造良好的社会文化氛围，而且推动农民生活方式和价值观念的转变，努力培育文明向上的社会主义新风尚。加强农村文化建设，通过各种文化、艺术形式鞭挞丑恶、落后现象，为农民提供优秀的文化产品和文化服务，并且长期不断、持之以恒地开展丰富的文化活动，让农民群众接受文化熏陶、帮助农民划清科学与迷信、文明与愚昧的界限，引导农民崇尚科学、抵制迷信，移风易俗、新事新办，积极倡导团结友爱、勤俭持家、勤劳致富、诚实守信的社会公德、公民道德和家庭美德，塑造积极和谐、健康、文明的乡风、民风。

3. 新农村文化建设是培育新型农民的必由之路

农村的主体是农民，农业的主人也是农民。农民是新农村文化建设的主力军，农民思想文化素质的高低直接影响着农村文化建设的发展。要解决这一问题，关键是要大力培育新型农民，全面提高农民的综合素质，使农民成为真正树立起新观念、新思想、新追求、新创业、新发展的奋发向上的新农民，这成为了推动社会主义新农村建设的力量源泉。同时建设社会主义新农村离不开培育和造就新型农民，建设新农村关键是要调动广大农民的积极性、主动性和创造性，引导他们用自己的双手创造美好家园，培育新型农民是建设新农民的重要环节。从一定程度上说，农民的文化素质、技术能力和思想道德水平，直接决定新农村建设的兴衰，决定新农村建设的成败。新农村建设的“新”，关键就在于农民的“新”，它代表着农民的一种“质”的变化。而这种“质”的变化，只有通过大力培育新型农民才能够完成。而农村文化建设根本在树人，在造就新型农民、新型农民工、新型企业家和基层干部。因此，加强农村文化建设对于建设社会主义新农村至关重要，只有文化建设抓好了，农民的综合素质才能逐步提高，乡风文明、社会稳定和谐的目标才能实现。

总而言之，新农村文化建设的重要意义，体现在方方面面，万万不可低估。

二、当前农村文化建设普遍存在的问题

1. 农民文化生活贫乏

“早上听鸡叫，白天听鸟叫，晚上听狗叫，”这是农民单调的文化生活的真实写照。在农村，农民除了看看电视、听听广播以外，少有什么其他文化娱乐活动。不少农民就通过打麻将、玩扑克牌打发日子。农村社区文化建设还基本上是空白。

2. 社会丑恶现象沉渣泛起

赌博斗殴、求神拜佛等迷信、偷盗、抢劫以及家庭暴力等问题的突出，都与文化水平低有关系。

3. 婚丧喜事大肆操办

为了面子，互相攀比，婚丧喜事大操大办且日甚严重，房子、车子（礼车）、票子（礼金）一个都不能少，由于交际圈的不断扩大，农村人情往来事项越来越多，农民的家庭不堪负重。

4. 重经济，轻文化现象普遍

在经济至上发展观下的文化工作“说起来重要，干起来次要，

忙起来不要”，忽视文化，对文化建设没有考虑或考虑较少，导致农村地区文化建设处于滞后状态。

5. 文化建设投资严重不足

基层文化馆站严重缺乏，即便是有文化馆站，也是设施陈旧简陋、房屋年久失修，没有活动经费，许多公共文化设施难以得到实施，有的文化站因为没有图书和活动器材成了“空壳站”，农村看书难、看戏难、看电影难、收听收看广播电视难等问题依然没有很好的解决，文化财富和文化需求之间的断层，使得先进文化在农村的传播途径不顺畅。人、财、物的供应不足成为目前农村建设中难以逾越的障碍。

6. 文化人才匮乏

文化体制落后，文化人才使用机制落后使得农村留不住人才，现在农村文化队伍存在后继乏人的情况，专业人才老化严重，由于经济和社会发展滞后，农村难以培养和聚集人才，同时人才的匮乏，又进一步制约农村经济和社会的发展，形成一种恶性循环。加上年轻的文化人不愿意留在农村，农村年轻人正在成为农村文化建设缺位的主角，文化行政执法水平落后，使得色情、封建迷信甚至邪教有空可以钻。文化体制的落后影响了农村文化建设的健康有序发展。

三、新农村文化建设的基本方针

（1）坚持以马克思主义为指导，推进马克思主义中国化、时代化、大众化，用中国特色社会主义理论体系武装头脑、指导实践、推动工作，确保文化改革发展沿着正确道路前进。

（2）坚持社会主义先进文化前进方向，坚持为人民服务、为社会主义服务，坚持百花齐放、百家争鸣，坚持继承和创新相统一，弘扬主旋律、提倡多样化，以科学的理论武装人，以正确的舆论引导人，以高尚的精神塑造人，以优秀的作品鼓舞人，在全社会形成积极向上的精神追求和健康文明的生活方式。

（3）坚持以人为本，贴近实际、贴近生活、贴近群众，发挥人民在文化建设中的主体作用，坚持文化发展为了人民、文化发展依靠人民、文化发展成果由人民共享，促进人的全面发展，培育有理想、有道德、有文化、有纪律的社会主义公民。

（4）坚持把社会效益放在首位，坚持社会效益和经济效益有机统一，遵循文化发展规律，适应社会主义市场经济发展要求，加强文化法制建设，一手抓繁荣、一手抓管理，推动文化事业和文化产业全面协调可持续发展。

（5）坚持改革开放，着力推进文化体制机制创新，以改革促发展、促繁荣，不断解放和发展文化生产力，提高文化开放水平，推动中华文化走向世界，积极吸收各国优秀文明成果，切实维护国家文化安全。

四、新农村文化建设的主要内容

我国新农村文化建设，是一项全方位、系列化、深层次、高水准的复杂系统工程。这是因为，文化本身即是一个内涵十分丰富广泛的大概念。文化作为一个大系统，包括物质文化、制度文化、精神文化三个子系统，而在精神文化中，又包括更低层次的哲学、宗教、道德、科学、艺术等许多子子系统。

具体而言，新农村文化建设，包括以下主要内容：

1. 思想文化建设

思想文化建设要坚持马克思主义指导地位和坚定中国特色社会主义共同理想，集中体现最广大人民根本利益和共同愿望。要深入开展思想理论教育、理想信念教育、形势政策教育、国情教育、革命传统教育、改革开放教育、国防教育，引导农民群众要毫不动摇地坚持马克思主义基本原理，紧密结合中国特色社会主义实际、时代特征、人民愿望，学习贯彻党的基本理论、基本路线、基本纲领、基本经验。要引导农民群众深入系统掌握马克思主义立场、观点、方法，推动中国特色社会主义理论体系进教材、进课堂、进头脑，加强和改进学校思想政治教育。也就是说，要以马克思主义为指导，以培育有理想、有道德、有文化、有纪律的公民为目标，开展面向现代化、面向世界、面向未来的、民族的、科学的、大众的社会主义文化教育建设。

2. 爱国主义教育

弘扬以爱国主义为核心的民族精神和以改革创新为核心的时代精神。要广泛开展民族精神教育，大力弘扬爱国主义、集体主义、社会主义思想，增强民族自尊心、自信心、自豪感，激励人民把爱国热情化作振兴中华的实际行动，以热爱祖国和贡献自己全部力量建设祖国为最大光荣、以损害祖国利益和尊严为最大耻辱。广泛开展时代精神教育，引导干部群众始终保持与时俱进、开拓创新的精神状态，以思想不断解放推动事业持续发展。大力发扬艰苦奋斗、劳动光荣、勤俭节约的优良传统。加强爱国主义教育基地建设，用好红色旅游资源，使之成为弘扬培育民族精神和时代精神的重要课堂。

3. 道德文化建设

道德文化建设也是新农村文化建设的重要内容之一，道德作为人们在社会生活中形成的关于善与恶、是与非、正义与非正义等伦理观念和行为规范的总和，又包括道德意识、道德关系、道德活动等内涵。新农村的道德文化建设，主要是要树立和践行社会主义荣辱观。社会主义荣辱观体现了社会主义道德的根本要求。要深入开展社会主义荣辱观宣传教育，弘扬中华传统美德，推进公民道德建设工程，加强社会公德、职业道德、家庭美德、个人品德教育，评选表彰道德模范，学习宣传先进典型，引导人民增强道德判断力和道德荣誉感，自觉履行法定义务、社会责任、家庭责任，在全社会形成知荣辱、讲正气、作奉献、促和谐的良好风尚。

4. 科学文化建设

要坚持科学，反对封建迷信，禁止赌博，大力发展科学技术，强化科技培训。

5. 艺术文化建设

要开展各种艺术活动，例如演小戏、唱歌、跳舞、扭秧歌等。

6. 体育文化建设

要开展各种体育活动，例如篮球、排球、足球、乒乓球、羽毛球、台球以及打扑克、棋类、麻将等。

总之，新农村文化建设的内容，是十分广泛的。

五、新农村文化建设的主要方式

要实现新农村文化建设的宏伟目标，必须采取行之有效的方式方法。

1. 加大农村文化基础设施投入

要进一步加强电视广播、农民公园、游乐场、展览室、图书室、学校、文化馆、文化站、文化室等公共文化设施建设。要认真贯彻落实党的十七届六中全会精神，通过农村基础设施建设，达到以区县文化设施为龙头，以乡镇文化为枢纽，以村文化设施建设为基础的网络化。继续实施广播电视“村村通”和农村电影放映工程，发展文化信息资源共享工程农村基层服务点，构建农村公共文化服务体系。推动实施农民体育健身工程，积极开展群众喜闻乐见、寓教于乐、多种形式的文体活动。同时创造一个好的社会文化环境，吸收民间组织和人士参与农村文化建设，充分调动社会力量参与农村文化建设，动员大学生、文化战线退休职工、社会各界参与新农村文化建设，特别是创造条件吸引大学生参与农村文化建设。

2. 拓展各类道德实践教育

要在继续抓农村科技普及和新技术的传授同时，利用“三下乡”、广播、电视、报纸、宣传队、文艺演出队、科技宣传队等各种活动形式，切实抓好思想道德建设，努力营造起团结和谐、学习科技、诚信守法、奉献拼搏、艰苦创业等新风尚。特别是要加强“社会主义荣辱观”教育，弘扬和培育民族精神，加强对农民的爱国主义、集体主义、社会主义思想教育，加强文明道德和社会公德教育，引导农民树立正确的行为规范、社会公德、社会主义道德和遵纪守法观念。加强法制宣传教育，弘扬社会主义法治精神，树立社会主义法治理念，提高全民法律素质，推动人人学法遵法守法用法，维护法律权威和社会公平正义。加强人文关怀和心理疏导，培育自尊自信、理性平和、积极向上的社会心态。弘扬科学精神，普及科学知识，倡导移风易俗、抵制封建迷信。

3. 建立新农村文化运行机制

要建立以政府投入为主，社会投入为辅的，多层次、多渠道的资金来源机制，以文化养文化，以文化促进文化，要实施农村文化产业化工程，切实加强农村文化事业的内在活力和动力。一要树立产业观念，注重文化的社会效益，又要提高文化的经济效益。二要培育农村文化市场，包括农村的演出市场，电影市场，音像制品市场等，以市场为龙头带动农村文化产业的发展。三要在“特色”上下工夫，形成农村文化的品牌。四要以创新的理念走“文化搭台，经济唱戏”的道路，促进农村地区的经济发展。五要实行科学管理，规范农村文化制度化，为文化单位和艺术人才创造更大的发展空间。

4. 开展形式多样的文体活动

深入开展全民阅读、全民健身活动，推动文化科技卫生“三下乡”、科教文体法律卫生“四进社区”、“送欢乐下基层”及各种文体竞赛等活动经常化，进一步加强家庭文化、广场文化、俱乐部文化、文化室文化、图书馆文化建设。同时要进一步推动电影院、剧院向县镇延伸，支持演艺团体深入基层和农村演出。总之要通过开展图书下乡、文艺下乡、人才下乡等多种形式的下乡活动，实现“送文化”和“种文化”相结合，使城市文化与农村文化得到交流与互动，从而实现城乡文化的一体化。

第二章　2012 年国家强农惠农政策摘要

一、国家对今年农业农村工作的总体要求

2012 年党中央、国务院对农业农村工作的总体要求是，全面贯彻党的十七届三中、四中、五中、六中全会以及中央经济工作会议和中央农村工作会议精神，高举中国特色社会主义伟大旗帜，以邓小平理论和“三个代表”重要思想为指导，深入贯彻落实科学发展观，同步推进工业化、城镇化和农业现代化，围绕强科技保发展、强生产保供给、强民生保稳定，进一步加大强农惠农富农政策力度，奋力夺取农业好收成，合力促进农民较快增收，努力维护农村社会和谐稳定。

要以稳定发展粮食生产为重点，加快农业科技进步，千方百计使粮食产量稳定在 5.4 亿吨以上、农民收入增幅保持在 7.5% 以上，努力确保不发生重大农产品质量安全事件和区域性重大动物疫情，持续提高农产品供给保障能力，为实现经济社会平稳较快发展提供基础保证。在工作着力点上，围绕强科技保发展、强生产保供给、强民生保稳定，突出“巩固、加强、优化、改革”。巩固，就是要巩固增产增收的好形势，扩大强农惠农富农政策效果，坚持和完善行之有效的发展措施、工作机制，确保农业农村经济在新的起点上稳步前进。加强，就是要加强农业科技创新和推广，加强体系机构建设，切实提高基层科技服务能力，开展“农业科技促进年”活动，更大地发挥科技支撑作用。优化，就是要优化农业生产力布局，完善现代农业产业体系，大力支持主产区、生产大县和区域特色产业发展，提高农业生产专业化、标准化、规模化、集约化水平。

改革，就是要坚持不懈推进农村改革和制度创新，总结、推广基层经验，深入推进现代农业示范区和农村改革试验区建设，扩大农业对外开放，进一步增强农业农村经济发展活力。

二、种粮农民直接补贴政策

2012 年，中央财政将继续实行种粮农民直接补贴，安排 151 亿元，补贴资金原则上要求发放到从事粮食生产的农民，具体由各省级人民政府根据实际情况确定。

三、农资综合补贴政策

农资综合补贴按照动态调整制度，根据化肥、柴油等农资价格变动，遵循“价补统筹、动态调整、只增不减”的原则及时安排和增加补贴资金，合理弥补种粮农民增加的农业生产资料成本，2012 年农资综合补贴共安排 1078 亿元。为支持做好春耕备耕工作，1 月份，中央财政已向各省（区、市）预拨补贴资金 835 亿元，要求力争在春耕前通过“一卡通”或“一折通”直接兑付到农民手中。3 月份，中央财政下拨第二批农资综合补贴 243 亿元。

四、良种补贴政策

2012 年国家对农作物良种的补贴标准是每亩水稻 15 元、小麦 10 元、油菜 10 元、玉米 10 元、棉花 15 元。

五、农机购置补贴政策

为进一步满足农民的购机需求，2012 年中央财政安排农机购置补贴预计 200 亿元，补贴范围继续覆盖全国所有农牧业县（场）。中央财政农机购置补贴实行同一种类、同一档次农业机械在省域内统一补贴标准。补贴按不超过各省近三年的市场平均价格的 30% 测算，重点血防疫区补贴比例可提高到 50%。单机补贴上限 5 万元，100 马力（1 马力 = 735.5 瓦）以上大型拖拉机、高性能青饲料收获机、大型免耕播种机、挤奶机械、大型联合收割机、水稻大型浸种催芽程控设备、烘干机单机补贴限额可提高到 12 万元；甘蔗收获机、200 马力以上拖拉机单机补贴额可提高到 20 万元；大型棉花采摘机单机补贴额可提高到 30 万元。

六、提高小麦、水稻最低收购价政策

为进一步加大对粮食生产的支持力度，调动农民种粮积极性，国家决定从新粮上市起适当提高主产区 2012 年生产的小麦、稻谷最低收购价水平。每 50 千克白小麦（三等，下同）、红小麦、混合麦最低收购价分别提高到 102 元、102 元、102 元，比 2011 年提高 7 元、9 元和 9 元，提价幅度分别为 7.4%、9.7% 和 9.7%；每 50 千克早籼稻（三等，下同）、中晚籼稻、粳稻最低收购价格分别提高到 120 元、125 元、140 元，比 2011 年提高 18 元、18 元、12 元，提价幅度分别为 17.6%、16.8% 和 9.4%。

七、产粮（油）大县奖励政策

为改善和增强产粮大县财力状况，调动地方政府重农抓粮的积极性，2005 年中央财政出台了产粮大县奖励政策。2011 年产粮（油）大县奖励资金规模 236 亿元，奖励县数达到 1000 多个，其中安排用于奖励受国务院表彰的粮食生产突出贡献的粮食主产省和粮食大县 36 亿元。为鼓励地方多产粮、多调粮，中央财政依据粮食商品量、产量、播种面积各占 50%、25%、25% 的权重，结合地区财力因素，将奖励资金直接“测算到县、拨付到县”。2012 年，中央财政将继续增加奖励资金规模，安排资金 277.65 亿元。

八、生猪大县奖励政策

2011 年中央财政安排奖励资金 32.5 亿元，专项用于发展生猪生产和产业化经营。奖励资金按照“引导生产、多调多奖、直拨到县、专项使用”的原则，依据生猪调出量、出栏量和存栏量权重分别为 50%、25%、25% 进行测算，2011 年奖励县数 500 个，平均每个大县奖励 500 万元。2012 年中央财政继续实施生猪调出大县奖励。主要用于生猪养殖场（户）的猪舍改造、良种引进、防疫管理、粪污处理和贷款贴息等；扶持生猪产业化骨干企业整合产业链，引导产销衔接，提高生猪的产量和质量。

九　畜牧良种补贴政策

为推动家畜品种改良，提高家畜生产水平，带动养殖户增收，从 2005 年开始，国家实施畜牧良种补贴政策，2011 年畜牧良种补贴资金 11.9 亿元，主要用于实施草原生态保护补奖机制的内蒙古、四川、云南、西藏、甘肃、青海、宁夏、新疆 8 个牧区省区的牛羊补贴。生猪良种补贴标准为每头能繁母猪 40 元；奶牛良种补贴标准为荷斯坦牛、娟姗牛、奶水牛每头能繁母牛 30 元，其他品种每头能繁母牛 20 元；肉牛良种补贴标准为每头能繁母牛 10 元；羊良种补贴标准为每只种公羊 800 元；牦牛种公牛补贴标准为每头种公牛 2000 元。2012 年国家将继续实施畜牧良种补贴政策。

十、渔业柴油补贴政策

渔业油价补助是党中央、国务院出台的一项重要的支渔惠渔政策，也是目前国家对渔业最大的一项扶持政策。根据《渔业成品油价格补助专项资金管理暂行办法》规定，渔业油价补助对象包括：符合条件且依法从事国内海洋捕捞、远洋渔业、内陆捕捞及水产养殖并使用机动渔船的渔民和渔业企业。2011 年补贴规模达到 171.65 亿元，2012 年将继续实施这项补贴政策。

十一、农业防灾减灾稳产增产关键技术良法补助政策

近两年，中央财政在农业生产的关键时节，有针对性地应急启动实施了大棚育秧、地膜覆盖等补助政策。2012 年国家对防灾减灾稳产增产关键技术良法，将进一步加大财政支持力度，并使骨干

性防灾减灾技术服务从应急启动转为常态化，以粮食主产区为重点，通过对农民进行物化技术补助方式，重点扶持推广水稻大棚育秧、玉米地膜旱作节水、小麦“一喷三防”和农作物病虫害专业化统防统治等关键性技术。当前，我国动物防疫补贴政策主要包括：重大动物疫病强制免疫补助政策，国家对高致病性禽流感、口蹄疫、高致病性猪蓝耳病、猪瘟等重大动物疫病实行强制免疫政策；强制免疫疫苗由省级畜牧兽医主管部门会同省级财政部门进行政府招标采购。兽医部门逐级免费发放给养殖场（户）；疫苗经费由中央财政和地方财政共同按比例分担，养殖场（户）无需支付强制免疫疫苗费用。畜禽疫病扑杀补贴政策，国家对高致病性禽流感、口蹄疫、高致病性猪蓝耳病、小反刍兽疫发病动物及同群动物和布病、结核病阳性奶牛实施强制扑杀；对因重大动物疫病扑杀畜禽给养殖者造成的损失予以补贴，补贴经费由中央财政和地方财政共同承担。基层动物防疫工作补助政策，补助经费用于对村级防疫员承担的为畜禽实施强制免疫等基层动物防疫工作经费的劳务补助，2012 年中央财政将继续投入 7.8 亿元补助经费。养殖环节病死猪无害化处理补助政策，国家对年出栏生猪 50 头以上，对养殖环节病死猪进行无害化处理的生猪规模化养殖场（小区），给予每头 80 元的无害化处理费用补助，补助经费由中央和地方财政共同承担。

十二、国家现代农业示范区建设政策

创建国家现代农业示范区是在点上寻求突破，进而辐射带动全国现代农业发展的创新性举措。当前，推进国家现代农业示范区建设的政策措施主要有：加大投入力度。中央和省级农业财政项目资金优先安排示范区，各示范区安排专项资金支持示范区建设。积极引导示范区健全农业融资服务体系，加大开发性金融、商业金融对示范区的支持力度。支持示范区加快高标准农田建设。着力推进水、田、路、电等配套，使示范区 2/3 以上的耕地达到旱涝保收标准；大力发展设施农业，提升设施农业的规模和效益；创新农业经营体制机制，着力培育职业农民、种养大户、农民专业合作社和农业产业化龙头企业等新型经营主体，推进土地适度规模经营，创新农业生产组织形式；提升农产品质量安全水平，把示范区建设成为高产、优质、高效、生态、安全的农产品生产基地。

十三、深入推进粮棉油糖高产创建政策

高产创建是集成推广各项先进实用技术，以点带面，示范带动大面积均衡增产的重要举措。2012 年国家将深入推进粮棉油糖高产创建，继续巩固 5000 个万亩示范片、50 个县（市）和 500 个整乡（镇）整建制试点，选择 5 个基础条件好、增产潜力大、科技水平高的产粮大市，鼓励支持其率先开展整市（地）整建制试点。

十四、测土配方施肥补助政策

2012 年，将在全国范围内组织开展测土配方施肥技术普及行动，选择 100 个县（场）、1000 个乡（镇）、10000 个村实施测土配方施肥整县、整乡、整村推进，力争实现全国测土配方施肥技术推广 13 亿亩、免费为 1.8 亿农户提供测土配方施肥技术服务的目标。

十五、支持鲜活农产品农超对接政策

当前，支持鲜活农产品农超对接政策主要包括：增强农民专业合作社发展能力，支持合作社建设冷藏保鲜设施、配置冷藏运输工具、检验检测设备等，超市从农民专业合作社购进的免税农产品，可按 13% 的扣除率计算抵扣增值税进项税额；支持建立稳定的产销关系，鼓励批发市场、大型连锁超市等流通企业，学校、酒店、大企业等最终用户与农民专业合作社建立长期稳定的产销关系，支持农民专业合作社在社区菜市场直供直销，鼓励同类农产品合作社在自愿的基础上开展联合与合作；推进农产品标准化生产和流通，

支持农民专业合作社率先实施标准化生产，支持符合条件的农民专业合作社开展蔬菜园艺作物标准园、畜禽养殖标准化扶持项目、水产健康养殖示范场创建；降低“农超对接”门槛，严禁超市向合作社收取进场费、赞助费、摊位费、条码费等不合理费用，严禁任意拖欠货款，鼓励超市和合作社建立长期对接关系。

十六、鲜活农产品运输绿色通道政策

为推进全国鲜活农产品市场供应，降低流通费用，从2010年12月1日起，全国所有收费公路（含收费的独立桥梁、隧道）全部纳入鲜活农产品运输“绿色通道”网络范围，对整车合法装载运输鲜活农产品车辆免收车辆通行费。纳入鲜活农产品运输“绿色通道”网络的公路收费站点，要开辟“绿色通道”专用道口，设置“绿色通道”专用标识标志，引导鲜活农产品运输车辆优先快速通过。鲜活农产品品种范围，新鲜蔬菜包括11类66个品种、新鲜水果包括7类42个品种、鲜活水产品包括8个品种、活的畜禽包括3类11个品种、新鲜的肉蛋奶包括7个品种，以及马铃薯、甘薯（红薯、白薯、山药、芋头）、鲜玉米、鲜花生。“整车合法装载”认定标准，对《鲜活农产品品种目录》范围内的不同鲜活农产品混装的车辆，认定为整车合法装载鲜活农产品。对目录范围内的鲜活农产品与目录范围外的其他农产品混装，且混装的其他农产品不超过车辆核定载量或车厢容积20%的车辆，比照整车装载鲜活农产品车辆执行，对超限超载幅度不超过5%的鲜活农产品运输车辆，比照合法装载车辆执行。

十七、蔬菜流通环节免征增值税政策

为促进物流业健康发展，切实减轻物流企业税收负担，自2012年1月1日起，免征蔬菜流通环节增值税。蔬菜是指可作副食的草本、木本植物，经挑选、清洗、切分、晾晒、包装、脱水、冷藏、冷冻等工序加工的蔬菜，属于蔬菜范围。各种蔬菜罐头，指蔬菜经处理、装罐、密封、杀菌或无菌包装而制成的食品，不属于所述蔬菜的范围。

十八、草原生态保护补助奖励政策

为保护草原生态，保障牛羊肉等特色畜产品供给，促进牧民增收，2012 年，国家将全面实施草原生态保护补助奖励政策，安排资金 150.58 亿元，把所有牧区半牧区县全部纳入实施范围。内容主要包括：实施禁牧补助，对生存环境非常恶劣、草场严重退化、不宜放牧的草原，实行禁牧封育，中央财政按照每亩每年 6 元的测算标准对牧民给予禁牧补助，初步确定 5 年为一个补助周期；实施草畜平衡奖励。对禁牧区域以外的可利用草原，在核定合理载畜量的基础上，中央财政对未超载的牧民按照每亩每年 1.5 元的测算标准给予草畜平衡奖励；给予牧民生产性补贴，包括畜牧良种补贴、牧草良种补贴（每年每亩 10 元）和每户牧民每年 500 元的生产资料综合补贴。

十九、渔业资源保护补助政策

项目支持重点为水生生物增殖放流。2011 年增殖放流资金 2.21 亿元，2012 年有望增加资金规模。

二十、农村沼气建设政策

2012 年，计划新增沼气用户 120 万户，建设大中型沼气工程 200 处以上。其中，东部、中部和西部中央补助标准分别提高到 1300 元、1600 元和 2000 元，西藏自治区中央补助标准提高到 3500 元，四川、云南、甘肃、青海 4 省藏区和新疆南疆三地州中央补助标准提高到 3000 元。

二十一、基层农技推广体系建设政策

2011 年中央投入 10 亿元建设基层农技推广体系项目，连同

2010年的2亿元投资，共支持改善了8243个乡镇农技推广机构设施条件。2012年国家将继续支持基层农技推广机构条件建设，力争实现2012年中央一号文件提出“农业技术推广机构条件建设项目覆盖全部乡镇”的目标。乡镇或区域性农技推广机构条件建设内容主要包括：配备技术推广、农作物病虫害防控、农产品质量快速检测等检验检测设备以及农民培训、农技人员日常办公等设备；改善检验检测、技术咨询、日常办公等业务用房条件。根据条件和资金可能，可配备农技人员进村入户交通工具，建设农技推广试验示范基地。

二十二、基层农技推广体系改革与示范县建设政策

2009年，国家启动实施“基层农技推广体系改革与建设示范县项目”，至2011年年底中央财政累计安排资金23.7亿元，支持800个县开展了农技推广工作经费补贴试点。2012年，中央财政将加大投入力度，对基层加强条件建设、开展农技推广等工作给予经费补贴，基层农技推广体系改革与建设示范县项目覆盖所有农业县。

二十三、基层农技推广体系特岗计划

从2012年起启动实施农业技术推广服务特岗计划试点，选拔一批大学毕业生到乡镇担任特岗人员，开展农业技术推广、动植物疫病防控、农产品质量监管等农业公共服务工作。中央财政对特岗计划将给予一定支持。

二十四、现代农业人才支撑计划

根据《现代农业人才支撑计划实施方案》的要求与安排，2012年主要从五个方面加快培养现代农业和新农村建设急需的农业农村人才。通过专项经费支持，重点扶持150名农业科研杰出人才。扶持培养3000名有突出贡献的农业技术推广人才。全年培训

3000 名农业产业化龙头企业和农民专业合作组织负责人。选拔扶持 7000 名农业生产经营一线、具有一定产业规模和良好发展基础、示范带动能力强的农村生产能手。在农产品主产区选拔扶持 3000 名农村经纪人，培养造就熟悉农产品流通政策、经营管理素质较高、经纪行为规范的农村经纪人队伍。

二十五、农民培训和农村实用人才培养政策

2012 年将围绕农业发展方式转变和新农村建设的需要，面向农业产前、产中和产后服务以及农村社会管理领域的从业人员开展培训，政府全额补贴，农民免费参训。开展职业技能培训。培训时间一周以内，培训对象主要是种养大户，科技示范户，从事农业产前、产中和产后服务，以及从事农业经营和农村社会管理的农民；培训内容主要是农业生产及管理技术、农产品产地贮藏保鲜及加工技术、农机操作及维修技术、沼气建设及维护技术、农业经营管理及农村社会管理知识等内容。开展农业创业培训。培训时间累计约两周；培训对象主要是农业领域有创业意愿的农民，特别是农村初中高中毕业后未能升学的两后生、返乡农民工、复转军人；培训内容主要是创业技巧和相关农业知识。

二十六、保护农民土地等财产权利政策

国家依法保护农村土地承包关系的长期稳定，保护承包方的土地承包经营权，任何组织和个人不得侵犯。承包期内，除法定事由外，发包方不得收回承包地，不得调整承包地，不得强迫或阻碍农民流转承包地。土地承包期届满，由土地承包经营权人按照国家有关规定继续承包。土地承包经营权、宅基地使用权、集体收益分配权等，是法律赋予农民的合法财产权利，无论他们是否还需要以此来作基本保障，也无论他们是留在农村还是进入城镇，任何人都无权剥夺。推进集体土地征收制度改革，保障农民的土地财产权，分配好土地非农化和城镇化产生的增值收益。按照中央农村工作会议

的部署，2012 年拟出台征地制度改革相应的法规，加快开展相关工作。

二十七、完善农业保险政策

为进一步发挥农业保险强农惠农作用，2012 年国家将进一步完善农业保险政策，加大对农业保险的支持力度。增加保费补贴品种，在现有的水稻、玉米、小麦、油料作物、棉花、马铃薯、青稞、天然橡胶、森林、能繁母猪、奶牛、育肥猪、牦牛、藏系羊 14 个中央财政补贴险种的基础上，将糖料作物纳入中央财政农业保险保费补贴范围；开展设施农业保费补贴试点，对发展设施农业的农民给予保费补贴。扩大保费补贴区域，将现有中央财政农业保险保费补贴险种的补贴区域扩大至全国。明确补贴比例，糖料作物保险，按照现行的中央财政种植业保险保费补贴政策执行；在省级财政至少补贴 25% 的基础上，中央财政对东部地区补贴 35%、对中西部地区补贴 40%，中央财政对新疆生产建设兵团、中央直属垦区等补贴比例为 65%；养殖业保险中，东部地区的能繁母猪和奶牛保险，在地方财政至少补贴 30% 的基础上，中央财政补贴 40%；育肥猪保险，在地方财政至少补贴 10% 的基础上，中央财政补贴 10%；其他中央财政补贴险种按照现行政策执行。

二十八、村级公益事业一事一议财政奖补政策

村级公益事业一事一议财政奖补政策于 2011 年在全国全面推开。一事一议财政奖补资金主要由中央和省级以及有条件的市、县财政安排，对村民一事一议筹资筹劳项目给予奖补，奖补范围主要包括农民直接受益的村内小型水利设施、村内道路、环卫设施、植树造林等公益事业建设，优先解决群众最需要、见效最快的村内道路硬化、村容村貌改造等公益事业建设项目。财政奖补既可以是资金奖励，也可以是实物补助。2012 年将深入推进村级公益事业建设一事一议财政奖补，完善村级公益事业民办公助机制等，预算安

排奖补资金248亿元。

二十九、扶持农民专业合作社发展政策

目前，国家扶持农民专业合作社发展的政策主要包括五个方面。税收优惠政策，对农民专业合作社销售本社成员生产的农业产品，视同农业生产者销售自产农业产品免征增值税；增值税一般纳税人从农民专业合作社购进的免税农产品，可按13%的扣除率计算抵扣增值税进项税额；对农民专业合作社向本社成员销售的农膜、种子、种苗、化肥、农药、农机，免征增值税；对农民专业合作社与本社成员签订的农业产品和农业生产资料购销合同，免征印花税。金融支持政策，把农民专业合作社全部纳入农村信用评定范围；加大信贷支持力度，重点支持产业基础牢、经营规模大、品牌效应高、服务能力强、带动农户多、规范管理好、信用记录良的农民专业合作社；支持和鼓励农村合作金融机构创新金融产品，改进服务方式；鼓励有条件的农民专业合作社发展信用合作。财政扶持政策，中央财政安排专项资金扶持农民专业合作社增强服务功能和自我发展能力；农机购置补贴财政专项对农民专业合作社优先予以安排；涉农项目支持政策，对适合农民专业合作社承担的涉农项目，将农民专业合作社纳入申报范围。人才支持政策，从2011年起组织实施现代农业人才支撑计划，每年培养1500名合作社带头人；鼓励引导大学生村官参与、领办合作社；支持农村青年领创办合作社。

三十、扩大新型农村社会养老保险试点政策

2011年新型农村社会养老保险试点（简称新农保）覆盖面达到了60%以上，试点地区参保人数达3.26亿人。2012年新农保将实行全覆盖。新农保的基本原则是，保基本、广覆盖、有弹性、可持续；运作模式实行“三个结合”，即：账户设立上实行社会统筹与个人账户相结合，筹资方式上实行个人缴费、集体补助、政府补

贴相结合，待遇支付上实行基础养老金与个人账户养老金相结合。年满16周岁（不含在校学生）、未参加城镇职工基本养老保险的农村居民均可在户籍地自愿参加新农保。年满60周岁、符合相关条件的参保农民可领取养老金。参保人每年缴费设100~500元5个档次，地方政府可根据实际需要增设档次，由参保人根据自身情况自主选择。政府对符合领取条件的参保人全额支付基础养老金。目前国务院制定的基础养老金低限标准为每人每月67元，地方政府视财力状况可提高标准。地方政府对参保人缴费给予补贴，补贴标准为每人每年30~60元。对农村重度残疾人等困难群体，地方政府还应代其缴纳部分或全部最低标准的养老保险费。国家为每个参保人建立终身个人账户，个人缴费、集体补助、其他组织和个人对参保人缴费的资助、地方政府对参保人的缴费补贴全部记入个人账户。养老金待遇由基础养老金和个人账户养老金组成，支付终身。试点地区年满60周岁的农民，只要符合参保条件的子女参保缴费，就可以直接享受最低标准的基础养老金。

三十一、完善新型农村合作医疗制度政策

新型农村合作医疗制度（简称“新农合”），是由政府组织、引导、支持，农民自愿参加，个人、集体和政府多方筹资，以大病统筹为主的农民医疗互助共济制度，采取个人缴费、集体扶持和政府资助的方式筹集资金。该制度从2003年起在全国部分县（市）试点，2008年在全国基本实现了全覆盖。2011年，新农合财政补助标准为200元，参合人口达到8.32亿。2012年国家将继续提高新农合保障水平，巩固覆盖率，提高筹资标准和报销比例，扩大覆盖病种范围。新农合筹资标准将从230元提高到300元，国家补助由200元提高到240元，政策范围内住院费用报销比例达到75%左右，最高支付限额不低于农民人均年收入8倍，且不低于6万元。

三十二、农村农垦危房改造政策

农村危房改造和农垦危房改造是国家保障性安居工程的组成部分。2011 年，中央扩大农村危房改造试点，实施范围包括中西部地区全部县（市、区、旗）。补助对象重点是居住在危房中的农村分散供养五保户、低保户、贫困残疾人家庭和其他贫困户。2011 年中央补助标准为每户平均 6000 元，在此基础上对陆地边境县边境一线贫困农户、建筑节能示范户每户再增加 2000 元补助。2011 年，农村危房改造完成 265 万户，比上年增加 145 万户。2012 年，国家将继续加快实施农村危房改造项目。农垦危房改造始于 2008 年，之后实施范围逐年扩大，中央资金补助标准是东部垦区每户补助 6500 元，中部垦区每户补助 7500 元，西部垦区每户补助 9000 元。2011 年，农垦危房改造实施范围扩大到全国所有垦区，计划任务、中央投资规模均超过前三年总量。截至 2011 年年底，国家累计安排中央投资 69. 8 亿元，改造危房 89. 5 万户。2012 年，国家将继续实施农垦危房改造项目，计划改造农垦危房 36. 76 万户。

以上政策选编，仅供参考，具体执行标准和实施办法以最新文件为准。

第三章　现代生猪养殖技术

浙江省农业科学院畜牧兽医研究所研究员　王一成

不同国家或地区根据当地经济、社会和科学技术的发展水平以及市场条件，对现代养猪技术的要求也有所不同。概括起来主要包括猪场、猪种、饲料营养、饲养管理和疫病防控等几个方面的内容。

第一节　猪场建设与常用设备

1. 场址选择

场址选择要符合当地土地利用发展规划和村镇建设发展规划。根据当地常年主导风向，位于村镇外居民区的下风向处。距交通干线不小于1000米；距居民居住区和其他畜牧场不小于2000米。地势应高燥、平坦，在丘陵山地建场应尽量选择阳坡，坡度不超过20°。交通便利，水电充足，水质符合畜禽饮用水标准，具备处理和消纳粪污的条件。

2. 场内布局

较大规模猪场应划分生活管理区、生产区、隔离区。生活管理区应选择在生产区常年主导风向上风向或侧风向及地势较高处；隔离区布置在生产区常年主导风向的下风向或侧风向及全场地势最低处，并保持一定的卫生间距（50～100米）。各类猪舍的排列顺序依次是配种舍、妊娠舍、分娩哺乳舍、断奶仔猪舍、生长舍、肥育舍。场内清洁道和污道必须严格分开，不得交叉。猪舍长轴朝向以南向或南向偏东或西30°以内为宜；相邻两猪舍纵墙间距控制在7～12米为宜，相邻两猪舍端墙间距以不少于15米为宜。

3. 猪舍设计

猪舍跨度：单列式5.0～5.5米，双列式7.5～8.5米，四列式13.5～14米，一般不超过15米，前后墙高度2.0～2.2米。猪舍长度根据养猪数量而定，一般不超过75米。猪舍内最好建造吊顶，有利于冬季保温，夏季隔热。吊顶距地面的高度以2.0～2.2米为宜。猪舍地面多为水泥地面，便于清扫、冲洗和消毒，地面坡度以1°～2°为宜。猪舍通道一般宽1.0～1.2米，尿道沟宽10～12厘米，尿道沟底呈半圆形，坡度1°～2°，由浅到深，最深不超过10厘米。猪舍排气口设在通道上方天棚处，排气口面积70厘米×70厘米，排气口上部作成防雨帽，高出房顶50厘米，每50米长的猪舍可留3～4个，用时打开，不用时关闭。

4. 养猪常用设备

养猪常用设备包括猪栏、饲槽、饮水器、加温设备和降温设备

（1）猪栏。猪栏按其结构形式可分为实体猪栏、栏栅式猪栏、综合式猪栏。实体猪栏一般采用砖砌结构（厚度120毫米、高度1.0～1.2米），外抹水泥或采用混凝土预制件组成。实体猪栏的优点是可以就地取材，投资费用低。缺点是占地面积大，不便于观察猪的活动，通风不良。栏栅式猪栏采用金属型材焊接而成，它一般由外框、隔条组成栏栅，几片栏栅和栏门组成一个猪栏。其优点是占地面积小，便于观察猪只，通风阻力小。缺点是投资较大。综合式猪栏是综合了上述两种猪栏的结构，一般是相邻的两猪栏隔墙采用实体栏，沿饲喂通道正面采用栏栅，这样就兼备了两者的优点。猪的饲养密度如下表。

每头猪所需要猪栏面积指标（平方米）

猪群类别	每栏头数	实体地面猪栏	漏缝地板猪栏
种公猪	1	5.0～7.0	4.0～6.0
空怀母猪	3～6	1.5～2.0	1.4
妊娠母猪（1）	1	2.5～3.0	1.2
妊娠母猪（2）	2～4	2.0～2.5	1.4～1.8
哺乳母猪	1	5.0～5.5	4.0～4.5
断奶仔猪	10～20	0.3～0.6	0.2～0.4
生长猪	8～12	0.6～0.9	0.4～0.6
肥育猪	8～12	0.9～1.2	0.6～0.8
后备猪	2～4	0.7～1.0	0.9～1.0

（2）饲槽。饲槽分为自由采食槽（自动食槽）和限量采食槽两种。在培育、生长、肥育猪群中，一般采用自动食槽让猪自由采食。自动食槽就是在食槽的顶部装有饲料贮存箱，贮存一定量的饲料，随着猪的吃食，饲料在重力的作用下，不断落入食槽内。因此，自动食槽可以间隔较长时间加一次料，大大减少了喂饲工作量，提高了劳动生产率。自动食槽主要参数如下表。

自动食槽的主要尺寸参数（厘米）

	H（高）	R（宽）	b（采食间隙）	Y（前缘高度）
仔　猪	40	40	14	10
幼　猪	60	60	18	12
生长猪	70	60	23	15
肥育前期至60千克	85	80	27	18
肥育后期至100千克	85	80	33	18

限量食槽用于公猪、母猪等需要限量饲喂的猪群，小群饲养的母猪和公猪用的限量食槽一般用水泥制成，造价低廉，坚固耐用。

其参数如下表。

水泥食槽的主要尺寸（厘米）

	X（宽）	Y（高）	Z（底厚）
仔　猪	20	10～12	4
幼　猪 生长猪	30	15～18	5
肥育猪 母　猪	40	20～22	6

每头猪所需要的饲槽长度大约等于猪肩部宽度，如宽度不足时会造成饲喂时争食，宽度太长不但造成饲槽浪费，个别猪会踏入槽内吃食，污染饲料。其参数如下表

每头猪采食所需要的饲槽长度

猪的类别	体重（千克）	每头猪所需饲槽长度（厘米）
仔猪	15以下	18
幼猪	30以下	20
生长猪	40以下	23
	60以下	27
肥育猪	75以下	28
	100以下	33
繁殖猪	100以下	33
	100以下	50

（3）饮水器。猪舍供水方式有定时供水和自动饮水两种。定时供水就是在饲喂前后在食槽中放水，食槽兼水槽。这种供水方式的缺点是不便于实现自动化，耗水量大，而且还容易造成水质污染，传播疾病等。自动饮水就是在猪舍内安装自动饮水器，使猪随时能喝到干净、卫生的水，有利于饲养管理和防疫。自动饮水器的种类有鸭嘴式自动饮水器、乳头式自动饮水器和杯式自动饮水器等，其中鸭嘴式

自动饮水器应用较广泛。各种类型自动饮水器的安装高度见下表。

自动饮水器的安装高度（毫米）

	鸭嘴式	杯　式	乳头式
公 猪	750～800	250～300	800～850
母 猪	650～750	150～250	700～800
后备母猪	600～650	150～250	700～800
仔 猪	150～250	100～150	250～300
培育猪	300～400	150～200	300～450
生长猪	450～550	150～250	500～600
肥育猪	550～600	150～250	700～800
备　注	安装时阀体斜面向上，最好与地面成45°夹角	杯口平面与地面平行	与地面成45°～75°夹角

注：自动饮水器的安装高度是指阀杆末端（鸭嘴式和乳头式）或杯口平面（杯式）距地面的距离

（4）加热器。在分娩舍为了满足仔猪对温度的较高要求，应为仔猪提供加热器，如配合保温箱使用效果更好。保温箱通常用水泥、木板或玻璃钢制造。典型的保温箱外形尺寸为长1000毫米×宽600毫米×高600毫米。常用仔猪加热器有远红外线辐射板、电热保温板和红外线灯等。

（5）降温设备。浙江地区夏季天气炎热，不利于猪的良好生长，规模猪场需要一定的降温设备用于控制猪舍内的环境温度。猪舍的降温设备按其工作原理可分为机械通风降温、细雾蒸发降温、滴水降温、湿帘降温等。小规模猪场可采用简单的机械通风降温，较大规模猪场最好采用湿帘降温设备。

第二节　猪的品种

我国是养猪大国，养猪历史悠久，猪种资源丰富多彩。我国拥有猪的品种300多个，其中地方品种占80%以上，培育品种占

13%左右，引入品种占5%左右。地方猪品种的特点是繁殖高，肉质鲜美，适应性强，耐粗饲，抗病力强。引入猪品种的特点是生长速度快，饲料利用率高和瘦肉率高。

1. 地方猪品种

目前浙江省的主要地方猪品种有金华猪、嘉兴黑猪和嵊县花猪。

（1）金华猪又称金华两头乌，主产于东阳、金华、义乌、浦江等地，全省各地均有饲养。纯正的金华猪以中间白、两头黑为基本特征，具有大、中、小三个类型。中型猪饲养较多，体躯匀称，腹不拖地，皮薄骨细，四肢结实，胴体品质较好。成年母猪体重130千克，乳头平均8对，一般胎均产仔12~14头，日增重约410克，屠宰率平均72.54%。金华猪早期生长快，沉积脂肪能力强，可食部分多。特别是股骨细长，后腿肌较发达、肌肉脂肪交替呈大理石状等优点，成为加工金华火腿的优质原料。

（2）嘉兴黑猪是我国太湖猪的一个品系，分布于浙江北部，主产区为嘉兴、嘉善、海盐、平湖等县（市）。目前已发展到钱塘江以南的诸暨、衢县、慈溪等地。嘉兴黑猪的最大优点是高繁殖能力，耐粗易养，体躯长，适应性好。经产母猪胎均产仔数14头以上，成年公猪体重100千克左右，母猪90千克以上。嘉兴黑猪被毛黑色稀疏，但有紫皮、浅灰皮和黑皮之区别，耳大下垂，有"蒲扇耳"之称。

（3）嵊县花猪主产区为嵊县、新昌二县，上虞、绍兴、天台、奉化、余姚等邻县（市）也有较多的饲养。嵊县花猪皮毛粗刚，多数为灰褐毛与白毛相间；体质健壮，皮厚多皱褶，头中等大小，耳大偏厚，向前垂微凹，前额高纵，面部皱纹多呈棱形。母猪颈细长，鬃毛粗而直立，身躯较长，背腰粗壮结实；繁殖性能好，适宜山区饲养。成年公猪体重100~150千克，母猪100千克左右。

2. 外来猪品种

目前浙江省饲养的主要外来猪种有长白猪、大约克和杜洛克。

（1）长白猪原产于丹麦，是世界上第一个瘦肉型猪品种。浙江省近几年来从国外引进较多，生产应用较为广泛。长白猪毛色全白，头狭长，耳大向前倾，体躯前窄后宽呈流线形，后腿和臀部肌肉丰满，四肢健壮，乳头7~8对。成年公猪体重250~350千克，母猪体重230~300千克。多数母猪6月龄发情，10月龄体重达130~140千克时开始配种。初产母猪产仔数8~9头，经产母猪9~11头，日增重500~800克，每千克增重耗料3.0~3.5千克。

（2）大约克又称大白猪，原产于英国北部。由于大约克猪繁殖性能好，饲料转化率、屠宰率高，世界各国先后引入用于杂交改良本地猪种，取得较好的效果。大约克猪体型大，毛色全白，头长，颜面宽而呈中等凹陷，耳薄向前直立，体躯长，胸深广，肋开张，背平直稍呈弓形，腹充实而紧，后躯宽长，腿肌欠充实。成年公猪体重250~330千克，成年母猪200~250千克。母猪5月龄出现首次发情，初产母猪产仔数9~10头，3胎以上母猪平均产仔10~12头。在标准饲养条件下，养到90千克日增重约0.7千克，每千克增重耗料约3千克左右。

（3）杜洛克原产于美国东北部，浙江省于1983年引进饲养，近年来又从台湾省、美国引入。主要用其公猪作杂交父本。杜洛克猪被毛棕红色，深浅不一，耳中等大，略前倾，面微凹或平直，头小，嘴短直，体躯深广，肌肉丰满，四肢粗壮结实。成年公猪体重可达300~400千克，母猪250~350千克；母猪6~7月龄开始发情，初产母猪产仔9头左右，经产母猪产仔数10~11头，母性较好。日增重约700克，料肉比3∶1左右。杜洛克猪的特点是体质健壮，抗逆性强，饲养条件比其他种猪要求低，饲料利用率高，生长快，胴体品质好，且遗传性稳定，性情驯良，易于管理。

3. 杂交猪

将不同品种或品系的猪相互交配叫杂交。不同种群的家畜杂交所产生的杂种，往往在生活力、生长势和生产性能等方面，表现在一定程度上优于其亲本，这就是杂种优势现象。它综合了双亲的某些优点，表现为生活力强、适应性好、生产发育快、生产性能高、不苛求饲养管理条件等，能获得更高的经济效益。在养猪生产中商品猪生产绝大部分猪场均使用杂种猪。二元杂交猪是指两品种杂交所生产的一代杂种猪。目前主要利用杜洛克、长白、大白等优良猪种进行二元杂交，生产杜长、杜大、长大、大长等二元杂交猪，用作三元杂交的母猪或商品猪。

第三节　猪的饲料营养

为了猪的生命与健康，保证其正常的生长发育，并能用同样的饲料生产更多的猪肉，必须合理地为猪提供各种营养物质。如蛋白质、脂肪、碳水化合物、维生素、矿物质和水，以满足猪维持生命、生长发育、繁殖和各种生理活动的需要。

为了使猪在饲养过程保证健康、最大限度地促进动物生长和生产，就必须提供符合猪营养需求的饲料。在生产实际中为了保证饲料中有效营养成分稳定一致，提高饲料的营养价值，同时又能方便使用、运输和保存，大多规模猪场使用配合饲料。配合饲料是指在动物的不同生长阶段、不同生理要求、不同生产用途的营养需要，以及以饲料营养价值评定的实验和研究为基础，按科学配方把多种不同来源的饲料，依一定比例均匀混合，并按规定的工艺流程生产的饲料。配合饲料按配合方式可分为预混料、浓缩料、全价料、混合料等。按使用猪的生长阶段可分为教槽料、保育料、仔猪料、中猪料、大猪料等。

1. 预混料

按猪需要的多种营养添加剂与载体混合后配成，其中主要成分有微量元素约11种，氨基酸3~4种，维生素类13~14种，以及抗菌素、促生长素、调味剂、酶制剂、抗氧化剂等。预混料一般分为1%和4%的两种，也有12%的。用户买去再加蛋白饲料和能量饲料配合成全价料。预混料用量很小，配置要精细，有的元素多了还对猪体有害，所以一般用户不自配，也没有必要自己配制。

2. 浓缩料

浓缩料就是把预混料加上蛋白饲料，如豆粕、鱼粉混合而成，又可称为精料。用户买去自己加上能量饲料就可使用。

3. 全价饲料

把浓缩料加上能量饲料混合就成全价料。现在市场上卖的浓缩料一般在料中占 10% ~25%，其余 75% ~90% 为谷类，如玉米、麸皮、糠及其他可利用料。

4. 混合料

由于各地饲料来源不一样，可以因地制宜把预混料、蛋白料、谷类料加上当地的原料如酒糟、豆渣、树叶、菜瓜及土豆、地瓜等青绿料、混合成料喂猪。这种料适合于经济相对落后地区。

第四节　饲养管理

1. 公猪饲养管理要点

一头优秀公猪应表现四肢健壮，结实，灵活好动，睾丸均匀对称，阴囊紧贴体壁，对发情母猪的反应快，精液品质检查为优良。公猪生后 7 个半月体重超 100 千克时应进行配种调教，初期尽量使用青年母猪每次调教 15 ~20 分钟，调教过程要耐心细致，等到公猪自己爬跨母猪进行交配即可。

公猪的日喂料量根据不同的季节而不同，一般春夏秋三季青年公猪日喂量为 2.3 ~2.5 千克，成年公猪为 2.0 ~2.3 千克，但冬季应增加原饲料量 5% ~10%，一般日喂三次。注意日粮中不能使用未去毒的菜籽饼和棉籽饼或霉变饲料。有条件最好平时加喂些青绿饲料，一般精料和青料的比例 1：（0.5 ~1）。平时配种任务重时可每日增喂 1 ~2 枚鲜蛋。

使用公猪要有计划，防止使用不当造成公猪体力消耗过度，而影响受胎率及公猪的利用年限，根据公猪的年龄建议青年公猪（8～12 月龄）每周本交 1～2 次，人工授精兼本交 2～3 次；成年公猪每周本交 3～5 次，人工授精兼本交 4～6 次。一般成年公猪一个配种期可负担 15～20 头母猪，青年公猪负担 10～15 头。

公猪的管理主要做好夏季的防暑降温和冬季保暖工作。夏季有条件的可装一些通风降温设置，每天可冲洗降温，可增饲喂鲜嫩多汁饲料，做到少喂勤添，先喂料后喂水，以提高公猪食欲与采食量。冬季保暖是必要的，主要防止天气寒冷后造成四肢疾病，另外要注意饲养管理不当、交配或采精频率过高往往易引起公猪产精器官功能衰退，造成突然无精或死精。

新购种公猪在运输前要做好消毒清洗，购入后先隔离在预先经过消毒的隔离栏饲养两星期以上，提供干燥通风有一定的运动场所的适宜猪栏。做好体内外的驱虫工作和一些疫苗的防疫注射。

总的来说，种公猪的适当选择和管理会使生产者带来巨大的报酬。在检查养猪生产时能考虑上述问题，就会获得良好的受孕率和较好的产仔数，并能得到较强生活力的后代仔猪。

2. 母猪饲养管理要点

母猪处于空怀状态时，应保持保持七、八成膘，不胖不瘦，以保证母猪正常的发情、排卵和及时配种、受孕。精料的饲喂量为每日每头 1.5～2.5 千克，视猪的大小和年龄而定，青绿料喂量为精料的 1.5～2 倍。在实际饲养中应做到“看膘情给料”。配种前7～10 天要增加母猪的饲料量，可以比平时的喂量提高 15%～20%，即“催情补饲”。每栏舍可以同时饲养 2～4 头母猪来增加栏舍利用率。加强母猪的运动，促进其健康与体质。

母猪配种后的 20～30 天，是母猪妊娠的一个关键时期，母猪日粮中应给予充分与平衡的营养成分，增加维生素含量，适当多喂新鲜干净的青绿饲料。在妊娠的第 20～80 天，饲料营养水平与喂料量可基本上类似于配种期的母猪，一般母猪一天的喂量 2～2.5 千克即可。在妊娠后期，由于胎儿生长发育明显加快，另外母猪本身需要储备能量与营养供产仔和哺乳用，日喂料量2.5～3.0千克。日粮中还应含足够的矿物质和维生素，特别要保证维生素A的含量。可多喂一些青绿料、胡萝卜等。在临产前7天左右，为预防难产、弱产、死胎或乳汁过浓（会使产后仔猪拉痢），应根据猪的膘情逐步减少精料喂量，一般减少20%～30%。妊娠母猪最好是单圈饲养，如栏舍紧张，前期可1～3头关一栏，但必须防止争斗。后期应一栏一头。

母猪在分娩和哺乳时，饲养重点是保证分娩顺利、奶水充足、仔猪健壮，成活率高。在分娩当天应停止喂料，以避免饱食，防止分娩时损伤消化器官。临产前应用清洁温水将母猪外阴部、乳房、乳头清洁干净。在圈内放置干净柔软的垫草，仔猪出生后马上将其擦干，将脐带剪断，并在断脐处用碘酒消毒。防止仔猪被压死。母猪产仔过程2～5小时，平均4～10分钟产出一头仔猪。母猪产完后注射抗菌素或消炎药，以免产道感染。仔猪产出后，应将其放回母猪身边，保证每头仔猪都能吃上初乳。

哺乳母猪日喂精料量4～5千克，青饲料3～5千克。饲喂方法宜采用逐渐增料与逐渐减料的方法。对带仔多、泌乳量大的母猪应适当多喂。产后当天可喂些稀粥料和优质青料，第二天喂1～1.5千克精料，以后每天增加0.3～0.5千克，一周后达到正常饲喂标准。水对哺乳母猪也很重要，泌乳需要大量水分，一头母猪每昼夜需饮水20～30千克，要防止母猪奶汁过浓，引起仔猪拉痢。如发现，应减少喂料量，多喂青绿料。母猪断奶日期一般为25～35天，也可早期断奶，以利于增加年产胎数。母猪断奶后在一周左右发情配种，对哺乳期失重大消瘦者应短期优饲，促进早发情。

3. 仔猪的饲养管理

仔猪的饲养管理是影响猪场整体出栏率的最重要阶段，因仔猪各方面均发育不完善，免疫抗病力不强，生存能力低，如果饲养管理不善及易造成大量死亡。仔猪死亡因素分二类，一类是非因病死亡：压死、冻死35.9%（前期占94.8%），先天性发育不良

17.3%，缺奶5.7%，淹死、咬死8.0%，其他9.0%。另一类是因病死亡：肺炎3.3%，黄白痢13.7%，其他疾病7.1%（75.8%）。

仔猪的饲养管理上，要求产房全进全出，彻底消毒，防止疾病的连续传布。具有保温、采光、通风条件，并有防压、防咬、消毒等设施。舍内要保持适宜的温度（25℃），做好通风换气，保持猪舍干净、干燥。必须进行补铁，疫苗免疫（根据所在地的疫情情况来打）提高仔猪免疫能力。抓好补料，做到早开食（一般7天就可开食），开食越早旺食越早、抓好旺食即能加快器官的发育。及时去势（因早去势的猪好保定、应激小、恢复快、对生长影响小）。有条件猪场可将仔猪早期断奶，提高母猪年生产力和提高分娩舍及设备的利用率。

4. 生长育肥猪的饲养管理

生长育肥猪75%体重是在100~110天内生长完成，平均日增重需保持700~800克。饲料营养必须尽最大限度满足猪的生长发育需要。目前，我国生长育肥猪的饲养方式有以下几种：

（1）“吊架子肥育”又称“阶段肥育”，是根据我国地方猪种的生长发育规律，结合青粗饲料充足而精料缺乏的饲养条件，以及消费习惯摸索出来的一种饲养方式。从目前商品生产角度看，主要存在增重速度慢，饲料利用率低；猪肌肉生长强度较高的前、中期营养不足需求，胴体品质差；肥育期长，人员、设备效率低。

（2）“直线肥育”，是根据猪生长发育的需要，在整个肥育期充分满足猪的各种营养物质的需要，并提供适宜的环境条件，充分发挥其生长潜力，以获得较高的增重速度及优良的胴体品质，提高饲料利用率。此方式在目前商品生产中被广泛采用。

（3）“前高后低式肥育”，在生长育肥猪生长前期采用高能量、高蛋白质饲粮，任猪自由采食以保证肌肉的充分生长。后期适当降低饲粮能量和蛋白质水平，限制猪每天进食的能量总量。这样不会严重降低增重，又能减少脂肪的沉积，得到较瘦的胴体。后期限喂的方法：①限制饲料的供给量，按自由采食的80%~85%给料。

②仍让猪自由采食，但降低饲料的能量浓度。

建立栏舍的消毒与防疫制度，在进猪之前有必要对猪舍、猪栏、用具等进行彻底消毒。生长育肥猪一般都是群养，合理组群十分重要。按品种组合、性别、体重大小和强弱组群可使猪只发育整齐，充分发挥各自的生产潜力，达到同期出栏。肥育猪最适宜的群体大小为每栏5~6头，但会降低栏舍及设备的利用率，增加饲养成本。生产实践中，在温度适宜，通风条件好的情况下，每栏可养10头左右为宜。饲养密度按每头1平方米（有运动场的栏密度按每头0.7平方米）来确定。根据猪的生物学习性和行为学特点进行引导与训练，使猪养成在固定地点排粪、躺卧、吃料的习惯，既有利于其生长发育和健康，也便于日常管理。育肥舍的最适室温为18℃，空气相对湿度以40%~75%为宜。除在猪舍建筑时考虑通风换气需要，设置必要的换气通道，必要时安装通风换气设备，还在管理上注意经常打扫猪栏，保持栏舍的清洁，减少污浊气体及水汽的产生，以保证舍内空气的清新。

第五节　疫病防治

1. 疫病防治的基本原则

（1）按照《动物防疫法》的精神，认真贯彻“预防为主，防重于治，养重于防”的方针，建立与健全疫病防治体系，克服重治轻防，只治不防的消极被动错误思想，把养猪疫病防治工作认真落实到实处，使之形成制度，坚持不懈，贯彻始终。

（2）加强饲养管理。应根据猪的不同生理、生长阶段，进行科学饲养管理，以保证猪的正常发育和健康，防止营养缺乏病。同时，要搞好环境卫生，保持猪舍清洁卫生、通风良好，冬天能防寒保暖，夏天能防暑降温，这样既有利于猪的生长，又可减少疫病的发生。

（3）坚持自繁自养。自繁自养可以防止从外地买猪带进疫病，减少疫病的发生。作为养猪场，如果条件允许，要建立较完善的繁育体系，至少应建有良种繁殖场和商品繁殖场。根据发展计划，养一定数量的母猪，解决猪源不足问题。如果进行品种调配或必须从外地引进种猪时，必须从非疫区无疫病的猪场选购，在选购前应对猪做必要的检疫和诊断检查。购进后一般要隔离饲养一个月，经过观察无病后才能合群并圈。

（4）建立定期消毒制度。消毒是消灭病原体，清除外界环境的传播因素，切断疫病传播途径的重要方法。平时要定期搞好猪场和猪舍环境卫生，并严格进行消毒，以减少疫病的发生。在消毒过程中，应根据不同的消毒对象选择不同的消毒药物、浓度和消毒方法。选择消毒药物的原则是广谱、高效、低毒、廉价、作用快、性质稳定、使用方便。常用的消毒药有来苏尔、农福、福尔马林、过氧乙酸、火碱、生石灰、漂白粉等。消毒方法有喷洒、浸泡、熏蒸等。

（5）合理进行药物预防。药物预防是猪群保健的一项重要技术措施。在饲料中适量添加一些抗菌素类药物，不仅可以抗病，而且对提高饲料利用率和猪的增重也有一定的效果。考虑到某些药物使用后会产生副作用，因此应慎重选择和使用，应严格按照国家规定的药物使用原则、范围和剂量使用。常用的药物添加剂有杆菌肽、土霉素、泰乐菌素、林肯霉素和金霉素等。

（6）按寄生虫控制程序进行驱虫。驱虫是预防和治疗寄生虫病，消灭病原寄生虫，减少或预防病原扩散的有效措施。选择驱虫药的原则是高效、低毒、广谱、低残留、价廉。常用的驱虫药有伊维菌素、阿维菌素、左旋米唑、丙硫苯咪唑等。驱虫时，要严格按照所选药物的说明书规定的剂量、给药方法和注意事项等使用。

（7）按免疫程序预防接种。预防接种是防制猪传染病发生的关键措施。通过预防接种，能使机体产生特异的抵抗力，减少和控制疫病的发生。要根据当地猪的疫病流行情况，有针对性地选择免疫种类，并按免疫程序进行预防接种，做到头头注射，个个免疫，使猪保持较高的免疫水平。

2. 猪疫病防控的主要措施

（1）猪场消毒制度。环境消毒：猪舍周围环境每 2～3 周用 2%烧碱等消毒药消毒 1 次。场周围及场内污水池、排粪沟、下水道出口，每月用漂白粉消毒 1 次。在大门口、猪舍入口设消毒池，消毒药物用 2%烧碱等消毒药，每周更换 1 次。人员消毒：工作人员进入生产区净道和猪舍要经更衣、紫外线消毒（15 分钟）。严格控制外来人员，必须进入生产区时，更换场区工作服和工作鞋，并遵守场内防疫制度，按指定路线行走。猪舍消毒：每批猪调出后，按以下程序进行空舍消毒。除粪—清扫—水洗—干燥—2%火碱等消毒液消毒—水洗—干燥—福尔马林熏蒸或火焰消毒—进猪。夏季进行定期带猪消毒，可用 0.1%新洁尔灭、0.3%过氧乙酸、0.1%次氯酸钠等消毒药进行喷雾消毒，喷雾的雾滴要求 50～100 微米。定期用 2%火碱等消毒药进行走廊过道消毒。食槽、水槽等用具每天进行洗刷，定期消毒，可用 0.1%新洁尔灭或 0.2%～0.5%过氧乙酸等消毒药进行消毒。

（2）主要传染病免疫程序。各地养猪场应根据当地传染病发生病种及规律选用下表免疫种类及程序。

基本免疫程序

免疫种类	后备种猪	种公猪	生产母猪	仔猪	生长育肥猪
口蹄疫浓缩灭活苗	6 月龄左右 3 毫升/头	每 4 个月一次 每次 4 毫升/头	4 个月一次 每次 4 毫升/头	35 日龄 2 毫升/头； 65 日龄 3 毫升/头	120 日龄 3 毫升/头
猪瘟弱毒疫苗	7 月龄左右 4 头份	每 6 个月一次 每次 4 头份	每次断奶后每次 4 头份/头	25 日龄;2 头份/头 50 日龄 4 头份/头	110 日龄 4 头份/头
乙型脑炎疫苗	5 和 6 月龄各一次 每次 2 头份/头				
猪细小病毒疫苗	6 月龄一次 每次 2 头份/头				

续表

免疫种类	后备种猪	种公猪	生产母猪	仔猪	生长育肥猪
猪繁殖与呼吸综合征疫苗	7月龄左右 1头份/头	每年2次 每次1头份/头	每年2次 每次1头份/头	28~36日龄 0.5头份/头	
伪狂犬病疫苗	6月龄左右 1头份/头	每年2次 每次1头份/头	每年2次 每次1头份/头		
传染性胃肠炎和猪流行性腹泻二腾疫苗			每年10月份 1头份/头		

补充免疫程序

疫苗种类	后备种猪	种公猪	生产母猪	仔猪	生长育肥猪
猪喘气病疫苗				5~7日龄1头份/头 21日龄1头份/头	
猪丹毒疫苗	7月龄左右 3头份/头	每6个月一次 每次3头份/头	断奶后 3头份/头	50日龄3头份/头	110日龄 3头份/头
猪肺疫疫苗	7月龄左右 2头份/头	每6个月一次 每次2头份/头	断奶后 2头份/头	50日龄2头份/头	110日龄 2头份/头
副猪嗜血杆菌疫苗	产前8周1头份/头 产前5周1头份		产前1个月 1头份/头	2周龄 1头份/头 5周龄 1头份/头	

注：①基本免疫程序中的疫苗对大多数规模商品猪均推荐使用。

②补充免疫程序中的疫苗应根据猪场具体发病情况，选用一种或几种疫苗，结合基本免疫程序应用。

（3）寄生虫病的防控。首次执行驱虫程序的猪场应对全场猪群进行驱虫。怀孕母猪于产前1~4周内驱虫1次。公猪每年至少驱虫2次，寄生虫感染严重的猪场，每年应驱虫4~6次。仔猪在转群时驱虫1次。后备母猪在配种前驱虫1次。新进的猪驱虫2次（每次间隔10~14天），并隔离饲养至少30天才能和其他猪并群。

第四章　有机水稻栽培技术

浙江省农业科学院副研究员、有机产品认证
高级检查员　朱奇彪

第一节　有机水稻栽培的基本要求

有机水稻生产是指在水稻整个生育期都不使用化学合成的肥料、农药、生长调节剂等物质，也不使用基因工程获得的生物及其产物，而是遵循自然规律和生态原理，采用一系列可持续发展的农业技术，维持持续稳定的农业生长过程。有机水稻生产与常规水稻生产最本质的区别就在于种植的施肥和作物病虫草害的防治技术上，其核心是建立和恢复农业生态系统的良性循环，以维持农业的可持续发展。有机水稻生产主要是通过使用有机肥料和适当的耕作及养殖措施，达到提高土壤肥力的作用，通过自然的方法控制病、虫、草害，如合理轮作、农业防治、生物治虫、保护天敌等。也就是说，在有机水稻栽培中，基地条件、种子处理、苗床处理、秧田管理、本田整地、病虫草害防治、收获、贮藏与运输等方面，都必须符合有机生产的要求。因此，有机水稻生产应围绕以健全土壤培肥体系为基础，以推进水稻健身栽培为抓手，以实施农业综合防治为保障，实现作物稳定高产的总体策略。

有机水稻生产中允许使用的投入品应参照本章附录。

第二节 有机水稻栽培技术

1. 有机农场基地的选择

有机生产需要在适宜的环境条件下进行。有机生产基地应远离城区、工矿区、交通主干线、工业污染源、生活垃圾场等。地块的选择非常重要，这关系到有机水稻是否符合国家标准。另外，有机农业生产方式与其他农业生产方式不同的一个显著特点，就是转换期、平行生产、缓冲带的要求。因此在做有机农场规划时，要在秉承“可持续性、生态性、多样性、适宜性”的原则下，做好基地的选择，在选择上应综合考虑以下几方面因素：

（1）物候条件：当地的物候条件要适宜水稻的种植。

（2）环境空气质量：基地四周无明显及潜在的污染源，产地周围空气清新，不得有大气污染源。要求在上风口没有污染源，不得有有害气体排放。环境空气质量符合 GB 3095 中二级标准。

（3）土壤环境质量：产地土壤元素位于背景值正常区域，周围没有金属或非金属矿山，无农药残留污染源，具有较高的土壤肥力。因此，在选择地块时，要求土壤环境质量符合 GB 15618 中的二级标准。为了确保田块符合有机稻生产基本条件，必须选择具有良好生态环境、土壤肥力较高的田块进行生产。同时有机稻生产地块与非有机生产地块之间要有明确的缓冲地带，或自然隔离区等相应防护措施，以防止受到邻近地块传来的禁用物质的污染。

（4）灌溉水源：地表水、地下水水质清洁，水域或水域上游没有对该产地构成污染威胁的污染源。排灌方便，灌溉用水质符合 GB5084 农田灌溉水质标准。

（5）基地的转换。根据有机产品标准要求，由常规水稻生产向有机水稻生产转变一般不少于 24 个月转换期，新开荒地或撂荒多年的地块至少也要经过 12 个月的转换期。

（6）平行生产：在同一个生产单元中可同时生产易于区分的

有机和非有机植物，但该单元的有机和非有机生产部分（包括地块、生产设施和工具）应能够完全分开，并且能够采取适当措施避免与非有机产品混杂和被禁用物质污染。在同一生产单元内，一年生植物不应存在平行生产。

2. 品种选择

选优良种，突出优字。有机水稻的种子，要选择抗逆性好（主要是抗病虫为害）、分蘖力强、偏大穗、富营养、商品性好、优质米，适宜旱育苗、超稀植栽培模式的优良品种。稻种需要经过筛选，去杂去劣，籽粒饱满，纯度高，成熟一致，粒型整齐，发芽率高，无杂草种子，无病虫害。

尽量使用有机种子和种苗。但在得不到经有机认证的有机种子情况下，可以使用未经禁用物质处理的常规种子。选用适应当地的土壤和气候特点、对病虫害有抗性适合于市场需求的水稻优质米品种。选用农艺性状好、抗性强、适宜本地种植的优质米品种如嘉禾218、E667 等。禁止使用转基因水稻种子。

3. 种子处理

种子处理主要有晒种、选种、浸种、催芽等环节，不应使用经禁用物质和方法处理过的种子。

（1）晒种。水稻种子必须干燥。播种前 7 ~ 10 天，将种子在阳光下晒种 2 ~ 3 天，可杀菌并提高种子活力。

（2）选种。选种可用泥水或盐水（1 ：1. 13）选种，将不饱满粒及秕粒、草籽选出，选后用清水漂洗 1 ~ 2 遍。可防治水稻立枯病。

（3）浸种。将洗净的种子放到 1% 石灰水中浸种消毒。2 天后捞出，继续用清水浸种 7 天左右，种子吸水达 25% 时即可。可用有机认证准予使用的生物杀菌剂浸种。

（4）催芽。利用温水替代水稻药剂浸种杀菌的方法，主要预防水稻恶苗病、黑穗病等病菌，避免把病菌带入田间。将种子放入恒定53℃水中恒温消毒半个小时，捞出放到30℃条件下催芽，80%种子破胸露白再准备播种。

4. 育秧管理

（1）苗床准备。选择无污染的地势平坦、背风向阳、排水良好、水源方便、土质疏松肥沃的地块做育苗田。秧田长期固定，连年培肥。纯水田地区，可采用高于田面50厘米的高台育苗。床面耕翻10厘米以上，达到床面平整、细碎、无根茬，床宽1.8～2.2米，长度根据实际情况来定。苗床地可结合整地及时施好商品有机肥1～2吨/亩和腐熟饼肥50千克/亩作基肥。播后在秧板上覆盖商品有机肥2吨/亩，以保湿、保温、防露籽、防雀害，提高成秧率。

（2）播种方法。播种根据当地插秧时间安排播种时间，秧苗控制在一个月以内（机插15天左右），浙江单季稻播种时间一般为5月上旬或5月中旬，杂交稻亩用种量0.4～0.5千克；常规稻亩用种量为3.0～3.5千克。用催好芽的种子均匀播在做好的床面上，用细眼喷壶在种子上面浇水，用平锹拍实固定种子，然后用事先准备好的盖土（或营养土）覆土0.5厘米厚，用喷壶再喷一次水，用土补盖露种，用薄膜盖床然后准备扣棚。扣棚时，苗床每隔50厘米需一根弓条，据苗床的长度相应准备足够的弓条和棚膜，膜宽2米，弓条长2.1米，插弓条中间距床面高度不低于40厘米，扣膜封绳。

（3）苗床管理。稀播种，旱育秧每平方米20～40克，湿润秧每平方米15～25克，机插秧50～60克/盘。育壮秧，控制温度和水分，提高抗逆能力。人工及时除草。

（4）秧田管理。为了提高床内温度，播种后首先要立即清理“三沟”（步道沟、床头沟、排水沟），修好坝埝，排净田间积水。其次要经常检查双幅薄膜开闭口是否结合严密，床边薄膜是否压实。出苗前以封闭保温为主，秧苗露针时（50%左右）及时撤去薄膜。温度控制在25～30℃之间，根据天气情况在秧苗2叶左右开始通风，通风前要浇水（据床面干湿情况而定），浇水最好在早晨9点以前进行。适温炼苗，适温炼苗的温度要求：一叶一心期以28～32℃为宜；二叶一心期以24～28℃为宜；三叶期以20～24℃为宜。施肥要根据秧苗的长相，在秧苗二叶一心到三叶时，可用纯有机肥撒施于床面，因具体情况决定施用量，施肥后及时浇透水。苗床除草，结合插秧前7天撤膜炼苗时，人工拔除床面杂草。

5. 插秧密度

插秧前要做好准备工作，首先坚持“三旱”整地，提高整地标准。其次是科学除草。采取提前灌水的办法，促进杂草萌发，然后用机械耙地，可防除各种杂草。在有机稻的种植模式上应采用超稀植模式，这有利于水稻通风溶氧，减少病害的发生，有利于提高水稻叶片的光合作用，有效提高单株产量，有利于为稻鸭、稻鱼共养提供条件。插秧密度，根据本田土质状况和品种的特性，因地制宜控制在30厘米×20厘米或30厘米×14厘米（1米=3尺=30寸，余同），其中杂交稻每穴栽插1～2株，每亩基本苗1万株左右；常规稻每穴栽插2～3株，每亩基本苗1.5万～1.8万株。前期宜稀，后期宜密，插秧要求达到浅、直、匀、稳、足的标准。

6. 本田管理

（1）本田施肥。在有机农业生产体系中，土壤培肥一定要保证有足够数量的来自有机农业生产体系的有机肥来维持土壤的肥力和其中的生物活性。除稻草还田和绿肥翻压外，其他有机肥应充分腐熟和做无害化处理后施用。作物秸秆、禽畜粪肥、豆科作物、绿肥、菜籽饼等有机生物肥料是有机田块土壤肥力的主要来源。秸秆还田进行土壤培肥，在秋季机割的同时将稻草充分切碎，均匀撒在水田地里，然后用翻耕将稻草深翻埋入田里。

有机水稻只能施入有机肥，最好施饼肥、鸡粪（但必须腐熟、发酵）等，绝对不能施化肥。结合土地耕翻，合理施肥，保证供应。一般基肥施用有机肥2～3吨/亩；根据地力、长势和底肥多少，合理追肥。追肥要少吃多餐，主要追施优质农家细肥，最好追施饼肥，在水稻生长期施用腐熟饼肥100~200千克/亩，主要追好分蘖肥、调节肥、穗、粒肥，保证供应水稻生育期对营养元素的需要。

水稻收割后种足种好绿肥，这是解决有机质来源最科学的方法。稻田可种植紫云英、红花草等绿肥作物，一般绿肥长至初花期时就要进行耕翻堆制，防止养分转化为纤维素成分，造成肥力减少又不易腐熟。

（2）水浆管理。做到浅、湿、干灌溉。基本要点：浅水插秧、深水返青；浅湿分蘖，够苗晒田；中水护胎，浅湿抽穗；寸水开花，浅湿灌浆；湿润壮粒。

水稻移栽至返青分蘖初期深水灌溉，水层5厘米左右，严防脱水；分蘖后期适度搁田，孕穗期浅水勤灌，抽穗后浅水灌溉。通过科学有效的水浆管理，促进水稻早分蘖、早封行，达到以水控草、以水促苗、以苗压草和以水调肥的目的。

（3）草害防治。做好诱草灭草。在水稻移栽前40~50天灌跑马水，使田间土壤保持湿润以诱发杂草，并通过数次耕翻来压低杂草基数。可在插秧后稻田内施稻壳的方式来防除杂草。同时，可利用稻田水层的深浅交替来控制杂草的生长。水源入口用高目网过滤掉灌溉水中的杂草种子，减少杂草种子基数。

采取人工拔草。在移栽前10~15天，采用人工拔除诱发的杂草，特别是针对双穗雀等恶性杂草以及水稻生长期间的高龄杂草，必须进行多次人工拔除。以苗压草、以水压草。通过合理密植，增加基本苗和科学的水浆管理等措施，以达到抑制杂草生长的目的。可用稻田养鱼养鸭来控制草害，水旱轮作减少水田杂草，秸秆覆盖抑制杂草生长。

（4）病害防治。水稻病害以恶苗病、稻瘟病、纹枯病、白叶枯病、细菌性条斑病、干尖线虫病、以及稻曲病等为常见病。加强田间管理创造病虫害不易生存的良好环境，可以通过选用抗病品种、培育壮秧、合理密植、科学调控肥水、适时搁田、控制高峰苗等方法来增强植株的抗性，从根本上控制病害的发生。

水稻稻瘟病、纹枯病、稻曲病的防治，要因地制宜选用2~3个适合当地抗病品种，进行科学栽培，即稻田内不同品种进行交叉种植。通过改变种植模式改善水稻的生长环境，控水、透风、透光，在灌水上要贯彻“前浅、中晒、后湿润”的原则。

利用盐水或1%石灰水浸种，可防治水稻恶苗病、细菌性条斑病、白叶枯病、干尖线虫病、稻瘟病等病害。用0.2波美度的石硫合剂，连续3~4次预防性喷施。稀植宽行栽培一定程度也可减轻高温多湿情况下纹枯病、稻瘟病的发生。

（5）虫害防治。水稻最常发生的虫害有水稻二化螟虫、螟虫、褐飞虱、黑尾叶蝉、黑椿象、白背飞虱、叶蝉、稻纵卷叶虫、稻水象甲、稻心蝇、负泥虫等。

农业防治。通过对水稻自身的栽培，增强其抗虫能力。重点通过培育壮秧、合理密植、科学调控肥水、适时搁田控制高峰苗等水稻健身栽培措施来增强植株的抗性，改善田间小气候，减轻病害的发生。

物理防治。采用防虫网育秧，用防虫网隔离稻飞虱等害虫进入秧田，以保护秧苗；装诱蛾灯等办法，定期对螟蛾数量进行统计，做好螟蛾发生的预报，利用昆虫的趋光性诱杀害虫的成虫，减少一代虫口基数，可使用频振式杀虫灯（30亩左右/只），诱杀趋光性害虫，其最佳点灯时间是在6月中旬后每天18：30。

生物防治。选用经有机认证机构认可的生物农药如Bt制剂750克/公顷、3%天然除虫菊素750~1250毫升/公顷、0.3%苦参碱水剂对水稀释1000倍、0.3%印楝素1500毫升/公顷等植物源农药进行交替使用与防治，可有效控制田间害虫基数，减少虫子的耐药性可以起到较好杀虫作用；利用现有自然天敌（蜘蛛、寄生蜂、青蛙等）控制害虫的种群数量，重点抓好1代、2代螟虫、2代纵卷叶螟和2代飞虱的防治，以控制害虫基数。二化螟是南方水稻的主要虫害，在螟卵孵高峰前连续释放赤眼蜂2~3次，每次释放15万~30万头/公顷，可利用赤眼蜂防治二化螟。

药物防治。根据监测疫情，适时撒施一些天然硫磺等矿物源物质进行适当的驱虫。撒适量的生石灰也可杀虫，时间在稻田露水干后，田中保持水层。通过稻鸭共育来控制田间害虫特别是飞虱等中下部害虫的发生数量。

（6）稻鸭（鱼、蛙）共育。以稻鸭（鱼、蛙）共育有机水稻生态系统为技术核心，发挥稻鸭（鱼、蛙）生态功能开展有机水稻生产。稻鸭共育是利用役鸭旺盛的杂食性，吃掉稻田内的杂草和害虫，利用役鸭不间断地活动刺激水稻生长，产生中耕浑水效果，提高地温和土温。同时鸭的粪便作为肥料，鸭为水稻除草、灭虫、施肥、松土，而稻田为役鸭提供劳作、生活、休息的场所以及充足的水和丰富的食物，两者相互依赖，相得益彰。发展稻田养鸭，在培肥地力、防病、防虫、灭草全程控制，不使用任何化肥农药，保护有益昆虫的繁衍生活，符合农业生态的食物链原则，从而达到增产、增收目的。

稻鸭共育生产以鸭、青蛙防虫为主：鸭、青蛙在稻田里可以吃稻水象甲、二化螟、负泥虫等的成虫和幼虫。每亩放鸭7～10只（饲养15天左右），放鸭时间不宜过早，在水稻移栽18天后，晴好天气时开始放鸭，提前计划准备好鸭雏。鸭放到田间后一般不用人工看守，本田四周用网护好，鸭舍设在田埂上，田间杂草多的多放，否则少放，出穗后灌浆初期进行收鸭，防止鸭吃稻穗，一共放养80天左右。鸭在稻田里，小时吃田里小草，长大后以吃双子叶杂草为主，同时鸭子踩踏可间接起到除杂草作用，其排泄物为很好的有机肥，可增加土壤肥力15%左右，增加水稻产量7%左右。鸭有天性拱地的习性，可起到中耕活土作用，疏松土壤，增加氧气，促进水稻根系发育，青秆黄熟，提高水稻千粒重和成熟度。

7. 收获　脱谷　贮藏

收获前将田间倒伏、感病虫害的植株淘汰掉，防止霉变稻谷混入。在水稻完熟期90%谷粒变黄时收割。收获后及时脱粒、干燥、包装、入库贮存，贮藏温度控制在16℃以下，稻谷水分控制在

14%～15%，空气湿度控制在70%左右。

附录A
有机植物生产中允许使用的投入品

表A.1　土壤培肥和改良物质

类别	名称和组分	使用条件
I. 植物和动物来源	植物材料（秸秆、绿肥等）	
	畜禽粪便及其堆肥（包括圈肥）	经过堆制并充分腐熟
	畜禽粪便和植物材料的厌氧发酵产品（沼肥）	
	海草或海草产品	仅直接通过下列途径获得： 物理过程，包括脱水、冷冻和研磨； 用水或酸和/或碱溶液提取； 发酵
	木料、树皮、锯屑、刨花、木灰、木炭及腐殖酸类物质	来自采伐后未经化学处理的木材，地面覆盖或经过堆制
	动物来源的副产品（血粉、肉粉、骨粉、蹄粉、角粉、皮毛、羽毛和毛发粉、鱼粉、牛奶及奶制品等）	未添加禁用物质，经过堆制或发酵处理
	蘑菇培养废料和蚯蚓培养基质	培养基的初始原料限于本附录中的产品，经过堆制
	食品工业副产品	经过堆制或发酵处理
	草木灰	作为薪柴燃烧后的产品
	泥炭	不含合成添加剂。不应用于土壤改良；只允许作为盆栽基质使用
	饼粕	不能使用经化学方法加工的
II. 矿物来源	磷矿石	天然来源，镉含量小于等于90mg/Kg五氧化二磷
	钾矿粉	天然来源，未通过化学方法浓缩。氯含量少于60%。

续表

类别	名称和组分	使用条件
II. 矿物来源	硼砂	天然来源，未经化学处理、未添加化学合成物质
	微量元素	天然来源，未经化学处理、未添加化学合成物质
	镁矿粉	天然来源，未经化学处理、未添加化学合成物质
	硫磺	天然来源，未经化学处理、未添加化学合成物质
	石灰石、石膏和白垩	天然来源，未经化学处理、未添加化学合成物质
	粘土（如珍珠岩、蛭石等）	天然来源，未经化学处理、未添加化学合成物质
	氯化钠	天然来源，未经化学处理、未添加化学合成物质
	石灰	仅用于茶园土壤pH值调节
	窑灰	未经化学处理、未添加化学合成物质
	碳酸钙镁	天然来源，未经化学处理、未添加化学合成物质
	泻盐类	未经化学处理、未添加化学合成物质
III. 微生物来源	可生物降解的微生物加工副产品，如酿酒和蒸馏酒行业的加工副产品	未添加化学合成物质
	天然存在的微生物提取物	未添加化学合成物质

表 A.2　植物保护产品

类别	名称和组分	使用条件
I. 植物和动物来源	楝素（苦楝、印楝等提取物）	杀虫剂
	天然除虫菊素（除虫菊科植物提取液）	杀虫剂
	苦参碱及氧化苦参碱（苦参等提取物）	杀虫剂
	鱼藤酮类（如毛鱼藤）	杀虫剂
	蛇床子素（蛇床子提取物）	杀虫、杀菌剂
	小檗碱（黄连、黄柏等提取物）	杀菌剂
	大黄素甲醚（大黄、虎杖等提取物）	杀菌剂
	植物油（如薄荷油、松树油、香菜油）	杀虫剂、杀螨剂、杀真菌剂、发芽抑制剂
	寡聚糖（甲壳素）	杀菌剂、植物生长调节剂
	天然诱集和杀线虫剂（如万寿菊、孔雀草、芥子油）	杀线虫剂
	天然酸（如食醋、木醋和竹醋）	杀菌剂
	菇类蛋白多糖（蘑菇提取物）	杀菌剂
	水解蛋白质	引诱剂，只在批准使用的条件下，并与本附录的适当产品结合使用。
	牛奶	杀菌剂
	蜂蜡	用于嫁接和修剪
	蜂胶	杀菌剂
	明胶	杀虫剂
	卵磷脂	杀真菌剂
	具有驱避作用的植物提取物（大蒜、薄荷、辣椒、花椒、薰衣草、柴胡、艾草的提取物）	驱避剂
	昆虫天敌（如赤眼蜂、瓢虫、草蛉等）	控制虫害

续表

类别	名称和组分	使用条件
II. 矿物来源	铜盐（如硫酸铜、氢氧化铜、氯氧化铜、辛酸铜等）	杀真菌剂，防止过量施用而引起铜的污染
	石硫合剂	杀真菌剂、杀虫剂、杀螨剂
	波尔多液	杀真菌剂，每年每公顷铜的最大使用量不能超过6kg
	氢氧化钙（石灰水）	杀真菌剂、杀虫剂
	硫磺	杀真菌剂、杀螨剂、驱避剂
	高锰酸钾	杀真菌剂、杀细菌剂；仅用于果树和葡萄
	碳酸氢钾	杀真菌剂
	石蜡油	杀虫剂，杀螨剂
	轻矿物油	杀虫剂、杀真菌剂；仅用于果树、葡萄和热带作物（例如香蕉）
	氯化钙	用于治疗缺钙症
	硅藻土	杀虫剂
	粘土（如：斑脱土、珍珠岩、蛭石、沸石等）	杀虫剂
	硅酸盐（硅酸钠，石英）	驱避剂
	硫酸铁（3价铁离子）	杀软体动物剂
III. 微生物来源	真菌及真菌提取物剂（如白僵菌、轮枝菌、木霉菌等）	杀虫、杀菌、除草剂
	细菌及细菌提取物（如苏云金芽孢杆菌、枯草芽孢杆菌、蜡质芽孢杆菌、地衣芽孢杆菌、荧光假单胞杆菌等）	杀虫、杀菌剂、除草剂
	病毒及病毒提取物（如核型多角体病毒、颗粒体病毒等）	杀虫剂

续表

类别	名称和组分	使用条件
IV. 其他	氢氧化钙	杀真菌剂
	二氧化碳	杀虫剂，用于贮存设施
	乙醇	杀菌剂
	海盐和盐水	杀菌剂，仅用于种子处理，尤其是稻谷种子。
	明矾	杀菌剂
	软皂（钾肥皂）	杀虫剂
	乙烯	香蕉、猕猴桃、柿子催熟，菠萝调花，抑制马铃薯和洋葱萌发
	石英砂	杀真菌剂、杀螨剂、驱避剂
	昆虫性外激素	仅用于诱捕器和散发皿内
	磷酸氢二铵	引诱剂，只限用于诱捕器中使用
V. 诱捕器、屏障	物理措施（如色彩诱器、机械诱捕器）	
	覆盖物（网）	

第五章　板栗高效生态栽培技术

浙江省林业科学研究院研究员　杜国坚

第一节　概述

板栗是我国传统的特色坚果，素有“木本粮油”之称，栽培历史悠久。其适应性广，耐干旱瘠薄，栽培管理容易，投资较低，经济寿命长。近十年来，随着山区开发建设，板栗已成为农民致富的重要经济树种。

浙江省板栗面积已达120万亩，成为仅次于柑橘、茶叶、油茶之后的第四大经济林树种，年总产量近3万吨，约占全国板栗总产量的5.5%，位居全国第六。浙江省栽培面积超过5万亩的县市有诸暨、新昌、衢江、建德、开化等地。毛板红是本省板栗主栽品种，以嫁接苗建园，一般4~5年即可挂果，6~8年后进入盛果期，亩产量为40~70千克，高的可达150千克。其中，毛板红主产地诸暨市，采用集约经营管理的栗园，进入盛果期后，亩产量最高可达400千克，且大小年现象不明显。

板栗坚果甘美可口，营养丰富。蛋白质含量比大米高30%，与面粉近似，比白薯高1倍以上；脂肪含量高于大米、面粉的2倍；氨基酸含量比玉米、面粉、大米高1.5倍；维生素C比苹果、梨、桃等水果高5~10倍，并且还含有钙、磷、铁、钾等矿物质元素。板栗除常见的炒食和菜用外，还可以加工成糖水板栗、板栗粉、板栗酒、板栗糊、板栗丁、板栗原片、板栗饮料、栗子蜜饯及速冻栗仁等产品，其产品加工附加值较高。板栗有补肾益气、治腰脚无力和内寒腹泻、活血化淤等医疗保健功效，市场开发潜力巨大。

第二节 适宜种植的自然条件

一、温度

我国板栗适应范围广，在年平均温度10～22℃，绝对最高温不超过39.1℃，绝对最低温不低于－24.5℃条件下均能正常生长，北方板栗与南方板栗对温度要求差别较大。北方板栗一般需要年平均气温10℃左右，≥10℃积温3100～3400℃；南方板栗要求年平均气温15～18℃，≥10℃积温4250～4500℃。浙江、江苏、安徽等地，年平均气温在15～17℃，生育期平均气温在22～24℃，适于南方品种生长。

南方品种若在北方栽培，常会出现树势偏弱、不耐旱、易受冻害等现象；而北方品种若在南方高温多湿地方栽培，则坚果品质变淡，产量不高。

二、降水

南方板栗适宜于多雨潮湿气候，年降水量通常在1000～2000毫米。但降水量过多，阴雨连绵，光照不足，会导致板栗产量和品质下降，不易贮藏。7～8月南方出现夏旱时，可引起栗树减产。花期多雨，不利于板栗授粉，常引起板栗出现空苞或独果增多。4～10月生长期降雨，能促进栗树生长与结实。

三、光照

板栗是喜光树种，生育期需要充足的光照，在每日光照不足6小时的沟谷地带，树冠直立，枝条徒长，叶薄枝细，老枝易光秃，产量低，栗果质量差。花期光照不足，会引起生理落果，影响产量。一些栗园由于地处北坡或过于密植导致光照不足，会引起树冠内部和下部枝条枯死、枝干光秃、结果部位外移过快等不良现象。因此，宜选择光照充足的阳坡、半阳坡或开阔的沟谷地建园，在整形修剪、种植密度等栽培技术上须考虑板栗喜光性强的特点。

四、土壤

板栗适宜在酸性或微酸性的土壤中生长，在 pH 值 5～6.5 的土壤中生长良好。

板栗在土壤较深厚、肥沃，排水良好的沙质土或沙质壤土条件下栽植，根系发达，分布深而广，栗树生长结果好。在板结的黏土或重黏土上栽植，通气性差，不利于板栗根生长，产量低，经济寿命短。在地下水位高，排水不良的土壤上栽植，根系浅，生长发育不良，产量低。

五、地势

板栗自然分布区地势差别较大，从海拔不足 50～2800 米均可生长板栗。板栗对坡度的要求不严格，选择 15°以下的缓坡建园，由于土层较厚，排水通畅，光照充足，树势旺，产量高。在 15°～25°的坡地栽植，应修筑水平带，带宽 1.5 米左右，带间留有生草带，做好水土保持。30°以上坡地则不宜栽植。

第三节　优良品种

我国板栗品种资源丰富，地方品种至少在 300 个以上，这些品种各具特点，适应范围不一。现将适合本省栽培主要优良品种（含品系、无性系及锥栗）介绍如下。

（一）早熟品种

1. 处暑红

嫁接苗栽植后 3 年开始结果，进入结果期早，5 年投产，8 年进入盛产期，亩产200千克，大小年现象不明显，丰产稳产性能较好。坚果特大，平均60粒/千克，成熟期特早，一般为9月上旬，商品价值较高，但贮藏性较差。处暑红喜肥水，不耐瘠薄。

2. 浙早1号

为极早熟品种，雄花花粉较多，授粉能力强，是毛板红的良好授粉品种。第3年开始结果，第4~5年株产1.3千克，第6年株产3.3千克，株产最高可达6.2千克，每亩产量260千克。坚果颗粒大，单粒重16.4克，贮藏性一般。

3. 浙早2号

与浙早1号同为1999年通过浙江省鉴定的优良无性系，也是早熟品种。

4. 二次结实板栗

主产浙江开化。具投产早、早期丰产性高、二次结实产量具一定的自我调节性，大小年现象不明显等特点。3年后初果，6~7年后进入盛果期，亩产200千克左右，较耐瘠薄，适应性广，抗病虫害性较好。原产地第一次果成熟期为9月初，每千克坚果46粒；第二次果成熟期为11月中上旬，每千克坚果65粒。

（二）中熟品种

1. 毛板红

3年始果，7年后进入盛产期，一般产量100千克/亩，高的可达250千克/亩，且大小年现象不明显。成熟期9月下旬，一般60~80粒/千克。坚果果肉味甜粳性，品质较好，不易受桃蛀螟和象鼻虫为害，较耐贮藏，加工适性广，兼具早果、丰产、稳产特性。

2. 魁栗

适应性较广，连续结果能力强，大小年变幅小，不宜密植。3年始果，5年亩产50千克，7年后进入盛果期，亩产可达150千克，在集约经营管理条件下，高达250千克以上。坚果特大而整齐，56～60粒/千克。果实品质好，久煮不糊，最适菜用，也适于加工，但贮藏性能稍差。

3. 大底青

原产地江苏宜兴、溧阳等，浙江省主要分布于长兴、开化等地。总苞长椭圆形，刺长而硬，中密。出实率稍低，约35%。栗实单粒重约25克，深褐色，有光泽，果座极大。9月中下旬成熟。品种较丰产，品质优，肉质甜糯。

4. 建选3号

属油光栗类，第3年始果，进入盛果期稍迟，8～9年后进入盛果期，最高株产可达8千克，亩产可达225千克，大小年现象不明显，桃蛀螟为害轻，宜在海拔400米以下的低丘缓坡种植。坚果色棕红，少茸毛，富油光，商品性好。

此外，还有建选10号、桐选32号、桐选43号、磐安油光栗等中熟品种。

（三）晚熟品种

建选8号

该无性系树势中庸，投产早，3年生结果株率达90%，3～5年生连续3年单株年产栗0.48千克；7～8年后进入盛果期，最高株产可达8千克，亩产可达225千克。坚果大，少茸毛，果皮棕红色，色艳而光泽好，成熟期10月上中旬。

（四）锥栗

锥栗适应性广，3年挂果，5年进入始产期，株产2千克，8年后进入盛果期，15年株产12～15千克，最高株产21千克。成熟期9月上旬至10月上旬，其果短圆锥形，单果重8～18克，果肉黄白色，质硬，味香甜，品质优良。锥栗耐贮藏，特别适于炒食，商品价值高。

（五）日本栗品种

1. 丹泽

日本农林省农业技术研究所园艺部育成，早熟品种的代表品种。果实大，果粒重23克左右；果肉淡黄白色，粉质，甜味稍淡，品质好，生食加工兼用。适合肥沃土壤集约栽培，成熟期9月上旬。

2. 筑波

日本农林省农业技术研究所园艺部育成，中熟品种的代表品种。进入盛果期稍晚，但丰产性强。对气候土壤的适应性广，栽培比较容易，适合集约栽培。果粒重20～25克；果肉淡黄色，粉质，味甜，富香气，成熟期9月下旬。

3. 石锤

日本农林水产省园艺试验场育成，晚熟品种的代表品种。树势强健，幼年期结果良好，非常丰产，但结实过多易出现小粒化，为经济树龄长的品种。果粒重20～23克，果肉淡黄白色，粉质。适合贮藏，也适合加工，成熟期10月上中旬。

第四节　栽培技术

（一）育苗

1. 种子采集与贮藏

采种母树应选择生长健壮的壮龄植株，待种子充分成熟时采收。每千克150～220粒的中小种子为宜。贮藏前用二硫化碳熏蒸杀虫，再用100倍托布津液浸5分钟杀菌。用沙层积贮藏，期间隔20～30天翻拣1次，剔除烂栗。

2. 播种

采用春播，也可秋播。圃地应选择地势平坦、光照充足、排水良好、土壤深厚肥沃的沙壤土。播前应深翻圃地并施入腐熟栏肥1500千克/亩。播种沟距25～30厘米，株距10～15厘米，开沟点播，种子应横卧，每亩播种量约100千克。播种后覆土3～4厘米厚。苗期应注意及时松土除草，并施追肥2～3次。

3. 嫁接

嫁接时间一般在3月中旬至4月中旬，当树皮和木质部最易分离时进行嫁接。宜采用切接、劈接或切腹接等，接穗的采集时间一般在2月下旬至3月上旬萌动前，贮藏30～40天的接穗可提高嫁接成活率。接后应注意及时清除砧木萌蘖，适时检查成活情况，做到及时补接和及时松开捆绑的塑料条，并适时施追肥等。

（二）建园与栽植

1. 整地

对于坡度较缓的山坡，以局部块状（鱼鳞坑）整地为宜，以利于园地水土保持；而对于坡度在15°以上的园地，则应沿等高线开水平带（梯面宽度应在2.5米以上），带面外高内低。定植穴规格一般长、深、宽均为80厘米，可在秋冬季挖穴，然后施足基肥盖上土过冬后于春季种植。也可以春季即挖即栽，但栽植时先在穴底部填入适量有机肥，然后将表土填至20～30厘米根际深度。此外，回填时每穴至少施20千克有机肥，施肥深度20～30厘米。

2. 栽植时期与方法

栽植时期以春季为宜，即在板栗萌芽前20天前后。栽植时应注意先修剪整理苗木根系，剪去受伤的和过长的部分。定植时要做到根系充分展开，栽植深度一般应保持起苗时的深度为佳。定植后应随即进行定干，一般保留苗木距地面50厘米左右高即可。

3. 栽植密度

板栗树冠大，寿命长，且属喜光树种，种植密度不宜过密，采用4米×4米或4米×5米（即每亩40株左右）。

（三）土壤管理

1. 保持水土

由于经营管理活动失当，植被破坏，致使一些栗园水土流失严重，土层变薄，肥力降低，有的地方甚至栗树根系裸露，生长衰弱，产量低下。控制水土流失的方法包括生物措施和工程措施。工程措施就是在原定植穴逐年深翻带状扩穴，扩穴深 30 厘米，宽 50 厘米，直到全园翻毕为止。生物措施是栗园郁闭前进行间作绿肥，主要品种有绿豆、赤豆、黑麦草等。

2. 深翻

可以使土壤疏松，清除杂草，同时将草翻入土壤可以增加有机质，改善土壤理化性质，提高土壤肥力与保墒能力。一般在 7 月下旬至 8 月下旬进行。

3. 松土除草

栗产区素有“春刨树，夏刨花，秋刨栗子个子大”谚语，要使板栗高产，应重视春、夏、秋三季对栗园进行中耕、除草、松土。松土除草以条带状为宜。

（四）施肥

1. 根系特性

板栗为深根性树种，在土层深厚时其垂直根和水平根都比较发达。垂直根的分布受土层厚度、土壤质地影响较大。土质疏松根系能深入下层，在土层比较浅的山坡地水平分布很广。栗树小根多，根尖附近根毛较少，但有共生的外菌根。从根的垂直分布来看，以 20～60 厘米之间根最多，占总根重的 77%～80%。从根的水平分布来看，在树干 1 米外到树冠直径投影范围内各类根水平分布占总根重的 67%。

2. 需肥规律

板栗对氮的吸收是在萌芽前即根系开始活动后就已开始，之后逐渐增加，直到采收前还在上升，采收后则吸收量急剧下降，至10月下旬对氮的吸收基本停止。

板栗对磷的吸收在开花前吸收量较少，开花后到9月下旬的采收期吸收量比较多而稳定，采收后吸收很少，落叶前停止吸收。

对钾的吸收在开花前较少，开花后迅速增加，从果实膨大期到采收期，吸收量最多，采收后则急剧下降，10月下旬以后吸收量最少。因此，钾肥施肥的重要时期是在果实膨大期。

3. 施肥量

依据《板栗丰产林》国家标准，每生产100千克板栗果实需要纯氮3.2千克、纯磷0.76千克、纯钾1.28千克，施肥时可按预测产量指标结合当地土壤肥力、树体营养和生长发育状态确定施肥量。

4. 施肥时期

目前我国农田施肥后植物对肥料的利用率不高，仅20%左右。如施肥时间不当，不能有效被植物吸收，如氮肥的流失、污染环境。施氮肥数量过大，易引发病虫害、板栗枝条徒长等。又如施磷肥时间不当，有效磷易被土壤固定（15天之后开始）形成不溶性络合物而不能被植物利用等。根据浙江省大部分栗园立地的实际情况，一般应做到每年施肥两次，第一次为3月上旬（催花肥），以氮、磷肥为主，每株0.2～0.5千克尿素、0.5～1千克过磷酸钙；第二次为6月下旬至7月中旬（为壮果肥），以磷、钾肥（或复合肥）为主，每株0.5千克；如使用有机肥，可拌入适量磷肥，于晚秋结合土壤深翻施入可代替催花肥。

5. 施肥方法

（1）放射状施肥法。以树冠为中心，在树冠边缘部位等距离挖4～6条放射沟，沟宽20厘米，深30厘米，沟长视树冠大小而定，一般树冠内外长度一致。肥料施入后覆土要成凹半斗形，以利积水。此法适宜于农家肥。

（2）环状沟施肥法。在树冠外缘挖环状或半圆状施肥沟，宽、深30厘米，环状沟的长度视树冠大小而定。

（五）整形修剪

1. 板栗生长结实特性与整形修剪要求

板栗为喜光阳性树种，由于内膛光照不良，促使结果部位外移，故在整形时要求开张主枝的角度，使内膛光照充足，促使下部枝的健壮生长。

板栗枝主要有：结果母枝、结果枝和发育枝。结果母枝为能抽生结果枝的一年生枝。结果枝是由结果母枝、雄花枝和发育枝上的混合花芽抽生且能着果的枝条。雄花枝是只着生雄花序的枝条。发育枝既不着生果又无雄花，且长度在5厘米以上的枝条。

板栗枝条上的芽发枝后，多呈平面形分布或对生形排列，易形成重叠枝或倒生枝，造成荫蔽，彼此发生竞争，故在整形时要进行调整，使各枝错落有序，主从分明，培育为立体结果的树体结构。

果枝顶端几个大芽抽生强旺枝，以下的小侧芽抽生细弱枝，这些细弱枝因受顶枝强旺生长的影响，1～2年后即衰弱枯死，常常易使骨干枝中下部成为无枝的光秃带。要避免这种现象，必须通过整形修剪来控制顶端优势，促使下部长枝结果。板栗树势强，成年后树冠硕大，树冠越大内部遮阴范围也越大，从而导致较大的树冠无效容积，易出现单位面积产量不高。

板栗开花结实消耗树体贮藏的营养较多，在大量结果后，树体营养贮备不足，翌年易出现结果大小现象。板栗大小年现象比其他果树明显，故修剪时要注意控制结果母枝的留量，避免树体养分的过度消耗，以保持产量和树势的稳定。

板栗隐芽寿命长，平时不萌发，但在短截或缩剪、去掉大枝的刺激下，隐芽的萌发力都很强，生长速度也很快，利用这一特性，可对衰老栗树进行更新；或通过对修剪树冠中上部隐芽所萌发的隐芽枝具有长势缓和，一般1～2年后即可抽生结果枝的特性，进行回缩修剪和结果枝更新等。

板栗结果部位一般都在枝的先端，从母枝先端 2～4 个大芽以内萌发结果枝，以下的小芽多属雄花芽、叶芽或隐芽。如果对母枝实行短截，多数枝结果很少或不结果。根据这一特性，大多数品种，都采用疏剪而不采用短剪。当然，也有少数品种母枝短截后，也能抽发果枝结果。对不适宜短截的栗树，可以采取长短混合交替的修剪法，可收到结果和控制结果部位外移的效果。

2. 修剪时间及工具

修剪时间主要在冬季进行。一般 1～2 月间最为适宜，因为这时树液未流动，3 月上、中旬，板栗树液开始流动，如进行修剪，导致伤流较多，伤口不易愈合，易感染病菌而影响树势。修剪工具包括修枝剪、锯子等。

3. 修剪的基本方法

在进行修剪时，要做到先修剪树冠上部，后剪树冠下部，先强枝、后弱枝，先大枝后小枝的次序原则。

（1）短截。是将 1 年生枝条截去一段。短截按程度轻重包括剪去枝条的 1/5～1/3 的轻截，剪去枝条的 2/3～3/4 的重截。短截程度不同，对新梢生长和结果的影响不一样，一般重短截对侧芽的生长刺激大，新梢生长旺盛，但不利于当年结果。注意对短截程度的控制，以免诱发过量徒长枝。短截时最合理的剪法是从剪口芽对面下剪，剪口向芽尖倾斜 20°～30°斜面上端与芽尖相齐或略长，以有利于剪口伤面的愈合和剪口芽的良好生长。

（2）疏剪。是将枝条从基部剪除。必须疏剪的枝条如病虫枝、干枯枝、纤弱枝以及不能利用的徒长枝和下垂枝、交叉枝等。对于幼树不宜过多疏剪，但随着树龄的增加，疏剪强度可逐渐增加，在成年树中，以疏剪为主。

（3）回缩剪。是指两个多年生枝中，剪去其中一个，或在多年生枝中留下一个隐芽萌发的发育枝，将其先端的枝条全部剪除；

较多用于树体更新和密度控制。

4. 主要丰产树形及其整形过程

自然生长的栗树分干性强、分枝角度小、树姿直立（如魁栗）和干性较弱、分枝角度大（如毛板红）等树形。丰产板栗树形主要有自然开心形、主干疏层延迟开心形等。现将自然开心形整形过程介绍如下。

（1）定干：一年生苗木在离地面50～60厘米处定干，剪口下留2～4个较饱满芽。

（2）主枝培养：定干后剪口下发枝后，从中选2～4个方位不同、生长健壮、角度短适中的枝条培养为主枝，主枝开张角度45°以上，定干后第2年冬季对各主枝留80厘米左右剪截，剪口芽均留向外饱满的芽。

（3）侧枝选留：自然开心形树形主枝少，内膛空间大，故主枝上的侧生分枝应尽量保留，只要其长度不超过50厘米就无需短截，以促进结果母枝的形成，以后从各主枝上发出的侧生分枝中，选留2～3个有一定间隔距离、生长健壮的分枝，各留60～70厘米短截，培养为侧枝。

（六）板栗的空苞和落果现象

1. 空苞

空苞是板栗生产中较常见的现象。生长在板栗树上的空苞一般到成熟期都保持绿色不开裂，个小，到落叶期才脱落，苞内的坚果不发育或仅留种皮。1980年北京产区由于空苞减产30%以上。产生空苞不仅无产量，同时也消耗了树体的营养。空苞产生原因主要由授粉受精不良和营养不良两种情况所致。

（1）授粉受精不良。对于因授粉受精不良而出现空苞的栗树，可采取人工授粉加以克服。可选择花粉亲和力好、坚果粒大的品种为采粉树，当雄花序大部分花簇上花药刚刚由青转黄时，为采摘雄花序适宜时间。将采摘下来的雄花序薄薄地摊在干燥无风处的玻璃板或清洁的纸上，每天翻动2～3次，搜集落下来的花粉和花药，将其装入干净的棕色玻璃瓶中备用。授粉时间一般以雌花中花柱头分叉成30°～45°角时为最适宜。授粉时可用毛笔蘸上花粉轻点雌花枝头即可。

（2）营养不良。总苞中子房内胚珠开始膨大后十几天又萎缩，坚果不再发育，则成空苞，这与土壤中肥水、树体营养不足有关。有人曾对栗树进行叶面喷硼、授粉和土壤施肥试验，表明对照区及单独授粉区空苞率达72.04%～78.15%，而喷硼、施肥及授粉的综合措施处理的栗树空苞率仅2.4%～5.73%。土壤测定表明，空苞严重的栗园，土壤中缺氮、硼，特别明显的是缺硼。可通过叶面喷施硼肥或土施硼肥解决。

此外，空苞的发生多少和当年气候及品种有明显关系，有些实生栗树年年空苞现象严重，但用良种改接后，则不再发生空苞。

2. 落果

落果是指栗苞早期脱落。正常生长的板栗坐果率较高，但一些栗园由于郁闭度过高、土壤过于瘠薄、营养不足或过量施用氮肥、生长过旺及病虫害为害严重等常出现落果。对于郁闭度过高的栗园，可通过诸如修剪、间伐部分栗树以降低郁闭度和改善树体结构，提高光能利用率来解决；对由于营养不足而造成的落果现象，则可通过施用适当种类和数量的肥料来解决。

（七）板栗产量的大小年现象

自然生长和缺乏管理的板栗大小年现象极为明显，表现为一年高产，一年低产；甚至2～3年低产，一年高产。这种产量上的大小年现象主要是树体营养不稳定引起的。由于板栗的落果较少，自我调节能力差，因此大年树体营养严重亏损，第二年春，雌花分化明显减少，形成产量上的小年。当年结果量少，气候条件适宜，病虫害少，树体积累营养增加，使花芽分化好，第二年雌花分化也多，从而形成产量上的大年。一般强壮树大小年不明显，盛果期的大树或老树，大小年现象严重。同时，品种不同大小年结果现象也有差异，如毛板红品种大小年现象相对不明显。大小年现象也受气候条件的影响。此外，生产上诸如用竹竿敲打栗树等不合理的采果习惯方式造成大量叶落、断枝以及某些年份病虫害为害严重也对板栗的大小现象影响明显。

第五节 板栗病虫害防治

（一）主要病害防治

1. 栗疫病

防治方法：一是对受害严重的枝条进行截除或挖掉病死树，清除病源；二是春季发芽前，在刮除病斑的基础上，用401或402抗菌剂加40%乙酰甲胺磷10倍液涂抹病部；三是在修剪等经营管理时，尽量减少树干伤口产生，大伤口或嫁接口应用杀菌剂保护。

2. 炭疽病

防治方法：一是清除病枯枝叶；二是冬季落叶后和翌年发芽前各喷一次波美4～5度的石硫合剂，或在4～5月喷65%代森锌600倍、甲基托布津800倍、多菌灵800倍液，每星期1次，连喷3次。

（二）主要虫害防治

1. 栗瘿蜂

防治方法：一是冬季修剪，清理内膛细弱枝，过密枝；二是保护天敌，收集冬季修剪下来的枯瘿，待翌春挂入林内，使瘿内寄生蜂羽化产卵寄生；三是在3月中旬，采用40%乙酰甲胺磷5倍涂干防治；四是6月上中旬成虫盛发期，用50%杀螟松乳油、40%乙酰甲胺磷800～1000倍对树冠喷雾防治栗瘿蜂成虫。

2. 桃蛀螟

防治方法：一是栗园零星套种向日葵、玉米等作物，诱集成虫产卵，然后清理出栗园；二是冬季清除地面落苞落果，刮净树干老翘皮，集中处理，消灭越冬幼虫；三是7月下旬至8月下旬，用50%杀螟松1000倍或20%杀灭菊酯2000倍喷杀2次。

3. 皮夜蛾

防治方法：一是在6月上旬、7月上旬，盛发产卵期或6月下旬1代成虫期，用50%杀螟松1000倍、20%杀灭菊酯2000倍乐果乳剂1500倍喷雾；二是秋后收集落地栗蓬烧毁，消灭部分越冬蛹。

4. 栗实象甲

防治方法：一是及时、彻底采摘，防止幼虫入土；二是清除栗园内及附近栎类杂树，冬季翻耕栗园，杀死幼虫；三是在7月底至8月初，每株用1~2千克钙镁磷肥与40%乙酰甲胺磷配成1：400倍毒土撒施，毒杀出土成虫。

第六节　采收与贮藏

生产实践证明，采收不成熟的栗果，不仅影响板栗当年的产量，而且栗果的质量差，不耐贮藏。一般栗实在未成熟时打落，可减产20%~50%。

（一）采收方法

板栗坚果的采收方法有两种，即拾栗法和打栗法。

1. 拾栗法

待果实充分成熟，自然落地后，人工进行拣拾栗实。为了便于拣拾，在栗苞开裂前要清除地面杂草，采收时，在每天早、晚各拾一次，拾栗前先振摇一下栗树，然后将落下的栗实、栗苞全部拣拾干净。拾栗法的好处是栗实饱满充实，产量高，品质好，耐藏性强。此外，还能避免打栗时的枝条损伤。缺点是比较费工，如拾栗不及时，栗实落地后第二天拾，因自然风干可失栗实重20%；第三天拾，失重35%；漂浮率为90%；第六天拾，栗实失重40%，漂浮率100%。因此，采用拾栗法，要坚持天天拾。

2. 打栗法

我国大部分栗产区采用打栗的方法。就是分期分批地把成熟栗苞用竹竿或木杆轻轻打落，然后将栗实和栗苞拣拾干净，采用这种方法采收，一般2~3天打一次。打苞时，由树冠外围向内敲打小枝振落栗苞，以免伤枝条和叶片。不应一次将成熟度不一致的栗苞全部打落。一次将栗苞全部打落，虽有省工省时，避免栗果丢失的优点。其缺点是60%~70%的栗果未成熟，打落后一般减产20%~50%，果实质量差，不耐贮藏。采收后的球果经过一段时间的堆放能促进坚果的后熟和着色，有利于贮藏运输，但不正确的堆放方法则会适得其反。因此，采收的栗苞应尽快进行发汗处理。因为当时气温较高，栗实含水量大，呼吸强度大，大量放热，如果不及时处理，坚果易霉烂。处理方法是：选择背阴冷凉通风的地方，将栗苞薄薄摊开，厚度以20~30厘米为宜，每天泼水翻动，降温“发汗”处理2~3天后，即可进行人工脱粒。如遇虫果，应立即捡除。

（二）采收后贮藏前的处理

板栗贮藏前应做好杀虫、散热、选果和选择好贮藏条件等几方面的工作。

1. 杀虫处理

采收后的板栗应立即进行杀虫处理。目前采用的最好办法是将栗苞从树上采下后，立即用药熏蒸杀虫处理，也可采用浸水杀虫处理。即将坚果放入50℃水温的容器中，浸果45分钟后取出晾干再行贮藏。这种方法对坚果的果肉、种子的发芽力无损伤。但用此法处理，栗实的果肉色泽稍差。熏蒸杀虫是用熏蒸剂杀虫。常用的熏蒸剂有二硫化碳和溴化钾。二硫化碳的用量，一般以20立方米的容积按1.0千克硫化碳的标准计算用量，密闭24小时。因二硫化碳气体较空气重，所以熏蒸时盛放药品的容器，宜放在室内上方，使其气化后逐渐下沉弥漫。

2. 堆放、散热处理

采收后的栗苞存放一段时间，是为了板栗后熟和着色，也有利于贮藏运输，但堆放不宜超过10天，高度控制在70～100厘米之间。注意不要在上面踩踏。最好将栗苞倒在地上，再用木锨锨到堆上。为了通风透气，需要隔3～5米插一小把用竹棍或秸秆捆成的通风道。若在室内堆放，还要注意开窗透气。同时应做好散热处理。

3. 认真选果

为保证板栗贮藏的质量和效果，要选择成熟饱满、有光泽、无霉烂、无发芽以及无虫害的板栗进行贮藏。

（三）贮藏方法

1. 冷库贮藏

在气温高的地区，应采用冷库贮藏。这是板栗外销出口和经营单位常用的方法。现有各种贮藏方法的结果比较表明，冷库贮藏板栗保鲜效果最好。一是坚果损耗少，二是基本上无发芽现象，三是板栗风味保持好。采用冷库贮藏时，入贮的果实必须采用内衬浸水湿麻袋的双层麻袋或内衬打孔塑料袋的包装方式，以保持坚果的湿度。码垛应实行叉车托盘制，即采用木制托盘，每盘上放三层麻袋，垛与垛之间留20～40厘米空隙，以便进行检查和通风降温。库温一般掌握在0℃±1℃为最适宜，相对湿度为90%～95%，二氧化碳不超过3%。

2. 沙藏法

是生产上广泛应用的一种简便贮藏保鲜的方法。可将板栗贮藏到第 2 年 2 月底，且能保持新鲜。其方法是选择地势高、干燥、排水良好、阴冷的地方，挖深 70 厘米，宽 100 厘米和适当长度的沟，于封冻前在沟底铺上一层 10 ~ 15 厘米厚，含水量为 10% 的湿沙，然后将板栗与沙按 1∶3 的比例混合，放入贮藏沟中，不要放满，应留出距地面 10 ~ 15 厘米的空间，再填满湿沙与地面平。地上面再培土 20 厘米，天冷还要用草覆盖。

3. 干藏法

以栗代粮或交通不便的山区，多采用干藏法。一是将采收来的板栗进行风干、晒干、烘干或加工成栗粉。二是将鲜栗倒入沸水中煮 5 分钟，捞出晒干，放在透风干燥的地方，并每隔 25 天晒一次。这种方法适合于长期贮藏。对板果的品质、营养无损，缺点是风味远不及鲜果。

此外，还有空气离子贮藏法、塑料袋室内保鲜贮藏法、锯木屑与砻糠灰贮藏法、石窖保鲜贮藏法等方法。

（浙江省林业科学院副研究员陈顺伟参与编写）

第六章　稻田养鱼虾贝高产高效技术

浙江省水产技术推广总站高级工程师　杜建明

浙江省稻田养鱼历史悠久，丽水是我国南方稻田养鱼的发源地，青田的稻田养鱼已被列入世界农业文化遗产。近几年来，随着稻田养殖技术进步，浙江省稻田养鱼方式发生较大变化，已从过去的粗放型养殖向稻鱼提质增产型的稻鱼共生、稳粮增效型的稻鱼轮作方式转变，形成了“亩产千斤粮、百斤鱼、万元钱”的典型稻鱼共生模式等，促进了粮食稳定和农民的增收，实现了稻鱼的双丰收。

第一节　稻田养鱼综述

一、稻田养鱼主要模式

1. 稻鱼共生模式

养殖湘云鲫、田鱼、草鱼、乌鳢、鲶鱼、花白鲢等鱼种，有些套养一些夏花鱼种。该模式主要以双季稻为主，平均稻亩产在600~800千克，鱼亩产60~150千克，亩增效益550~1100元。

2. 稻虾共生模式

6月上中旬亩放1厘米虾苗4万~5万尾或1.5~2厘米幼虾2万~3万尾或抱卵亲虾2.5千克；稻亩产400~450千克，青虾产20~25千克/亩，亩效益2500元左右。

3. 稻鳖共生模式

6月亩放养规格150～200克中华鳖600只，亩产稻谷450千克，亩产优质鳖135千克，亩产值17550元，年亩均收益10500元。“鳖百斤，稻千斤，钱万元”。

4. 稻鳅共生模式

亩放5厘米以上大规格夏花1.2万～1.5万尾或8～10厘米鳅种0.7万～1.0万尾/亩。一季早稻或双季稻均可。一般双季稻平均稻亩产量850～870千克，单季稻平均稻亩产量375千克，泥鳅产量50～60千克，亩效益2000元左右。

5. 稻虾轮作模式

青虾—稻—青虾，亩产稻谷450千克，虾产量40～50千克，亩效益3000元。

6. 农作物与鳖轮作模式

养一轮鳖，种一季稻或油菜、大小麦等作物。每亩放规格150克/只的幼鳖600只，养二年，亩产商品鳖375千克，亩产值28500元，亩成本15134元，亩利润13366元，商品鳖收获后，种植有机水稻，亩产稻谷600千克，加工成有机大米，售价36元/千克和13.6元/千克，亩产值7986元，亩成本3071元，亩创利4915元。

二、稻鱼共生的生态环境要求

1. 水稻的生态条件

水稻有适应淹水和湿润土壤的二重性，它对水管理的要求是宜浅不宜深。从秧苗栽种至黄熟期的80～90天时间内，水深的变化幅度在3～10厘米，最高为20厘米，秧苗移栽要求浅水插秧，深水活棵，薄水分蘖，脱水晒田，复水长粗，深水孕穗。具体各发育期的水深大致是：移栽至拔节期间浅灌，水深为3～5厘米；孕穗期深灌，水深为6～10厘米；乳熟期浅灌，水深恢复到3～5厘米。

同时要求肥足、透光、透气和通风良好。

2. 鱼类的生态条件

鱼类要求水质清洁、溶氧量高、饵料生物丰富的生态条件，而稻田由于水浅，阳光充足，通风良好，又经常排灌，因而耗氧因子少，溶氧高，稻田的生态条件特别适合它们的生活和生长。

三、稻鱼共生的类型

因各稻作区在地理、气候等方面存在较大差异，稻作生产方式也多种多样，与之相应，稻鱼共生方式也有诸多类型。在实践中，传统的生产类型也不断得到改进和完善，有些生产类型已形成较为成熟的技术规范。不同类型的稻鱼共生，其主要差别在于稻鱼生产的结合方式和稻鱼共生工程结构等方面。

（一）根据稻鱼生产结合方式分类

1. 稻鱼并作

即种稻和养鱼在同一块田里同时进行。这是稻鱼共生最主要的生产形式，适合于浙江省大部分稻作区。这种类型因水体小而浅，产量相对较低，但成本也较低，能最有效地发挥稻田的生态效益。浙江省稻鱼并作主要是单季稻田养鱼。

2. 稻鱼轮作

即在同一块田里，种一季稻，养一季鱼，种稻时不养鱼，养鱼时不种稻。这种类型，水体大，鱼类放养时间长，产量较高，经济效益显著。此种方式比较简单，适合在水稻产量不高的低洼田、冬闲田实行。稻鱼轮作型有先鱼后稻方式，也有先稻后鱼的方式。有稻—鱼—油菜轮作、麦—稻—鱼轮作的，也有稻、鱼并作接稻、鱼轮作交替，即在早稻田里并作养鱼，水稻收割后不连种晚稻而单养鱼的。

3. 稻鱼间作

即利用种稻的间隙养鱼，一般多利用早、晚稻田的秧苗田养鱼，即在早稻的秧苗拔完后继续留作下一季稻秧苗田的空隙时间内养鱼，可利用 40～60 天左右时间培养夏花鱼种。这段时间虽短，但这时的水温适宜，又不必开挖鱼沟、鱼溜，可直接施肥、灌水，使稻苏萌发，此时稻田中天然饵料生物繁殖快，饵料生物丰富，鱼苗生长快，可有效解决养鱼稻田中水浅、水温高、鱼类度夏困难等问题。

（二）根据稻田养鱼工程结构形式分类

1. 鱼沟鱼溜式

这是在浙江省传统稻田养鱼——平田稻田养鱼基础上改进的一种稻田养鱼形式，也是稻田养鱼的基本模式，适合于平原与山区稻田养殖。田间鱼沟鱼溜面积占稻田面积的 5%～10%，田间工程主要设施就是稻田四周开围沟，宽深各为 45～50 厘米，田内开纵横鱼沟，鱼沟宽 35 厘米，深 40 厘米，围沟与田内鱼沟形成“田”字形，“目”字形、“围”字形等。进水口处或鱼沟交叉处开成鱼溜，面积为 2～5 平方米，深 1 米左右。

2. 宽沟式

在稻田进水的一边挖一条 3～8 米宽，深 1.0～1.5 米的沟，占稻田面积的 7%～10%。另外，结合稻田作业再开“田”字形、“目”字形、“围”字形鱼沟，鱼沟宽 1.5 米，深 0.6～0.8 米。此形式水体宽大，放养量比普通的沟、溜式要大得多，并可采用池塘精养法作业，轮捕轮放，收稻后还可继续养殖，延长生长期，可以提高产量和出池的规格。

3. 垄稻沟鱼式

又称半旱式稻田养鱼。垄稻沟鱼式就是开沟起垄，垄上种稻，沟内养鱼，稻鱼并作。通常一垄一沟的宽度在 66～100 厘米，垄宽 24～32 厘米，沟宽 36～48 厘米，垄上种稻 2～4 行。水浆管理上采取栽插时浅水淹蔸扶秧，成活后，让其逐步落干露出秧蔸，以毛管水代替重力水。适宜于水源保障程度有一定困难的田块。

4. 流水沟式

适宜于水源充足的山区，其要点为：在田的一边开挖一条占稻田面积4% ~6%的长流水沟，每亩稻田昼夜流水量在30 ~60立方米，田内再挖鱼沟，并使鱼沟与流水沟相通，相接处设鱼栅，将大鱼挡在流水沟内养殖，小鱼自由出入稻田。此形式因流水沟面积较大又有常流水，农田施肥、打农药、晒田及水稻收割，对养鱼影响不大，故可以长年养鱼，轮捕轮放，放养量也较大，产量较高。

5. 沟池结合式

在稻田中间挖一微型鱼池，或在田头挖一小池，面积占稻田面积的5% ~8%。池深1.2 ~1.5米，池周筑埂与稻田分开，待秧苗返青时开沟。沟宽30 ~45厘米，沟深30 ~40厘米。并使田间沟、池相通，让鱼自由出入沟、池、稻田中，鱼沟数由田块大小而定。在稻田施用农药、化肥和晒田时，鱼池便成为鱼类避让的场所。

（三）根据稻田综合利用形式分类

有稻、鱼；稻、萍、鱼；稻、鸭、鱼；稻、虾；稻、鳖；稻、蟹等多种共生形式。

四、适合稻田养殖的鱼类及其他水生经济品种

（一）适合稻田养殖的鱼类品种

为了充分利用稻田中的杂草和水生生物等自然饵料，以放养草食性和杂食性的鱼类为宜，如草鱼、团头鲂、鲤鱼、鲫鱼、罗非鱼等。草鱼吃草能力特别强，食量大，排泄多，造肥能力强，特别适合于稻田养殖。

（二）适合稻田养殖的其他水生经济品种

主要有虾类、蛙类、螺类、鳖类、珠蚌、菜蚌等，养殖经济效益高。尤其是稻鳖共生模式，给农民带来了可观的经济效益。

第二节　养鱼稻田工程

一、养鱼稻田基本设施

1. 加高加固田埂

田埂高度一般在30～45厘米，宽35～40厘米。不同地区和土质的田埂高度和宽度略有不同。丘陵山区田埂高出田面40～45厘米，平原地区高出田面50～60厘米，对鱼产量要求较高的稻田，田埂高度要求达到0.6～1.0米。

2. 调节土壤酸碱度

对pH值小于7的稻田，应用生石灰调节。一般每亩用生石灰25千克，均匀撒于田表，再耙平。

3. 开挖鱼沟鱼坑

（1）鱼沟。分围沟和田内沟（主沟），围沟是沿稻田田埂内侧的环形沟，在靠田埂留下1～2行秧棵处开挖。开沟挖出的秧苗，密植在靠田埂预留下的1～2行秧株间，形成密植的篱笆状，既弥补了开沟所占面积。田块内再挖内鱼沟，呈“十”字形、“＊”字形、“井”字形等。田内沟宽、深均为30～40厘米。围沟与田内沟互相贯通。

（2）鱼坑。也叫鱼溜、鱼窝、鱼凼。开挖位置不拘，可开在中间，也可开在边上。鱼溜形状可以是正方形、圆形或长方形。通常情况下将鱼溜开在边上进水口处，面积占稻田面积的3%～5%。鱼溜不能太浅，否则夏季温度过高，不利于鱼儿度夏，甚至造成死亡。

4. 开挖注水、排水口，安装拦鱼栅

稻田注水、排水口应设在稻田田埂相对应的两对角，使田中水流能流动通畅，均匀地通过整块稻田，减少死角。注水、排水口应特别坚实，最好能铺垫石板、水泥板或砖块，避免流水长期冲刷和鱼儿顶水、拱挖造成漏洞而变形或坍塌。进排水口处需安装拦鱼栅以防止逃鱼和防止野杂鱼及敌害随水进入稻田。拦鱼栅可做成“一”形、“厂、”形、“∧”形，凸面正对水流，以加大过水量，减少对鱼栅的冲力。拦鱼栅孔目要小于鱼的体宽，并随鱼体的增长而及时加以调整。面积大或过水量大的稻田，进出水口及拦鱼栅要适当放宽或多开几个缺口，并相应地安装拦鱼栅。

5. 溢洪口

溢洪口开在依傍排水口一边的田埂上，口底与稻田最高水位线平。溢洪口的作用是调节水位，尤其是在暴雨时，能使稻田多余的积水从溢洪口排出。溢洪口可用砖、石块砌成，口宽30厘米左右，并安装拦鱼栅。

二、稻田养鱼基本流程

（一）稻田选择

凡水源充足、水质无污染、排灌方便、保水力强、天旱不干、洪水不淹的早、晚稻田都能用作养鱼。尤以单季晚稻田养鱼，养殖时间长，增产幅度大，鱼类起捕规格也大。丘陵山区，必须选择既有水源保证，又不易受涝的稻田。

（二）水稻品种与栽培

1. 选择优良水稻品种

浙江省水稻种植一般以单季稻为主，水稻品种应选择茎秆粗壮，株形中偏上，分蘖力、抗病虫害能力强的优质丰产水稻品种，可选金早47、宁81、宁88、甬优9号、中浙优1号、中浙优8号等，具体品种要视要根据当地土壤、气候特点、养殖种类及种植习惯，综合考虑后再选定稻种。

2. 大苗移栽

采用大苗移栽，活棵后生长快，鱼类等经济水产品可早进入稻田觅食，减少追肥次数和用量，减少施肥、晒田对鱼类等养殖生物的影响。

3. 栽足基本苗

采用宽行窄株，长方形田块东西向栽插，具有光照强，光照时间长，通风透气等优势，有利于空气中的氧气溶解于水中和二氧化碳向空气中释放，降低稻田湿度，减少水稻的病虫害，也有益于鱼类的生活和生长。通常每亩插种 0.8 万 ~1.2 万丛，每丛 4 ~6 株为宜，可在鱼沟、鱼溜两边利用边行优势适当密植。

4. 水的管理

水的管理要点：浅水插秧，深水活棵，薄水分蘖，脱水烤田，复水长粗，深水抽穗，浅水壮籽，湿润灌浆，断水收获。在满足水稻用水的同时，还必须兼顾稻田养殖的鱼类及其他水产动物。

（三）鱼种放养

（1）放养品种：以杂食性和草食性为主，兼放其他鱼类。

（2）放养时间：见下表。

种养方式	放养时间
秧田培育夏花	播种或秧苗出土，田面浸水后
稻田培育夏花	插秧前后均可
养殖鱼种或养殖成鱼	秧苗活棵返青后
放大规格鱼种	秧苗壮株后
稻鱼轮作	收稻后灌水放养
双季稻连养	前季稻收割前，赶鱼入鱼坑，直至后季稻秧苗活棵
罗非鱼和鲶鱼	5 月中旬

（3）鱼体消毒：见下表。

消毒方式	消毒时间
3% ~5% 食盐水	浸浴 5 分钟
10mg/L 漂白粉	浸浴 15 ~20 分钟
10mg/L 高锰酸钾	浸浴 15 ~20 分钟

（4）放养规格和数量：见下表。

种养方式	放养数量与规格		
秧田培育夏花	亩放水花 1 万 ~ 2 万尾	单一品种	—
稻田培育夏花	亩放水花 3 万 ~ 4 万尾	单一品种	—
单季稻养鱼种	亩放夏花 1000 ~ 2000 尾	多个品种	主养鱼 60% ~ 70%
培养大规格鱼种	亩放夏花 500 ~ 800 尾	多个品种	主养鱼 60% ~ 70%
成鱼养殖	亩放鱼种 300 ~ 500 尾	多个品种	主养鱼 50% ~ 60%

（四）饲养管理

稻田养鱼应以稻为主体，采取对稻、鱼都有利的管理措施，正确处理好稻田养鱼与施肥、治虫、晒田的关系，促使稻、鱼共生互利。最主要是须自始至终要抓住水、饵、管、防四个方面。水：养鱼先养水。这是渔民养鱼的经验总结，原则上就是要保持水质的肥、活、爽。饵料：是稻田养鱼的物质基础。投喂量多质好的饵料，是养鱼获得高产、优质、高效的重要技术措施。管：即养鱼的一切物质条件和技术措施都要通过日常管理才能发挥作用，取得高产。防：即防病。这是取得高产、高效的保证。总之，稻田养鱼三分技术，七分管理，有收无收在于养，收多收少在于管。科学管理是稻鱼获得双丰收的关键。

1. 水质调控

根据鱼类和水稻生长需要，合理调控好水质、水位。水位一般是前期浅水，中期搁田，防止大排大灌。定期注水，调节好沟、溜、池中水质，增加溶氧。在鱼种放养初期，为了提高水温，鱼坑的水深应保持在0.5 ~ 0.6 米，秧苗活棵后提高到 1.0 米以上，田面水深保持在 10 厘米左右。每 15 ~ 20 天换 1 次新水，每次换水 1/3。在高温季节要勤换水，降低水温，5 ~ 7 天换水 1 次。

2. 科学投饵

稻田养鱼前期，水中浮游生物等水生生物丰盛，嫩草、浮萍等大量繁殖，而这时水中载鱼量较少，溶氧状况好，鱼类生长快。随着鱼体的长大，稻田中天然饵料不足，这时必须人工投喂饵料。饵料品种有饼粕类，如豆饼、菜籽饼、花生饼、米糠、麦麸、豆渣、糖糟、酒糟等。动物性饵料来源也较广，如鱼粉、螺、蚬和禽畜下脚料等均是良好的饵料。专用配合饲料各类营养配比更合理和全面，适合于稻田养殖的特种经济水生动物品种的喂养。坚持定时、定质、定量、定位四定原则。

定时：通常草类和螺贝类饵料宜在上午9时左右投喂，其他饵料一般在每日上午9～10时，下午14～16时投喂，使鱼形成每日定时饱食和排空的规律。定质：要求饵料新鲜无变质，营养全面且适口。定量：每日投饵量不可忽多忽少，以免时饥时饱，影响消化吸收和生长，并易引起鱼病。定位：鱼类对重复特定的刺激容易形成条件反射。因此，固定投饵地点，有利于提高饵料利用率。最好搭固定食台，便于清除残饵，清洁食场。不要将饵料投在狭窄的鱼沟里，以免堵塞鱼沟，妨碍鱼类通行。每日投饵量还应根据水温、水色、天气和鱼类吃食等情况适当灵活增减。

（五）稻田施肥

施肥原则：以基肥为主，追肥为辅；有机肥（农家肥）为主，化肥为辅，少量多次。施肥时。应尽量避免将肥料直接撒到鱼沟里，可半块田半块田地轮流施放，或适当提高稻田鱼沟的水位。

（六）稻田病虫害防治

稻田养鱼后，鱼可以吃掉水稻田里的部分害虫，但不能完全代替农药治虫。对严重的水稻病虫害，仍需对症施用高效低毒、低残留的农药。

1. 常用的农药品种

常用的农药品种有敌百虫、乐果、杀虫双、叶蝉散、叶枯净、井冈霉素、可湿性三环唑等。在稻田治虫的常规浓度范围内，对鱼类没有影响。五氯酚钠、毒杀酚、稻丰散、除虫菊、鱼藤精、波尔多液等农药毒性较大，都应禁用。马拉硫磷、稻瘟净、三唑磷也有不同程度的毒性，要谨慎使用。

鱼类对各种农药、化肥的毒性反应，由弱到强的依次顺序为：井冈霉素 < 敌百虫 < 乐果 < 杀虫双 < 4049 < 稻瘟净 < 稻丰散 < 尿素 < 碳酸氢铵。

2. 施用农药注意事项

为了确保鱼类的安全，在稻田施放农药之前应清理疏通鱼沟，加深稻田水位 6 ~ 10 厘米。喷洒药物时，应尽量减少药物落入水中。乳剂农药在露水干后喷洒，粉剂农药应在有露水时喷撒，也可半块田半块田地轮流喷撒。喷撒后万一发现鱼类不适应，应该立即加灌新水，或在喷撒药物的同时向稻田注水或排水，以降低药物在水中的浓度。

3. 施药时间

必须注意在下雨或下雷阵雨前不可施药，避免药物滴落水中。万一施药后下雨，应在雨停后再补施药。

（七）晒田

稻田浅灌、晒田可以加速水稻根系发育，促进稻根深扎，促进水稻基部粗壮，防止倒伏，控制无效分蘖；但对鱼类生长会有一定影响。晒田一般在插秧后 1 个月左右进行。晒田时间约 5 天，灌浆期 10 天。晒田时，先要疏通鱼沟，使沟内水深保持在 30 ~ 35 厘米。晒田要尽量轻晒、短晒，不要晒到田土发白，田面龟裂的程度，只要田中不陷脚即可。晒田期间，最好在鱼沟内投喂些精料或嫩草，如浮萍、菜叶、豆饼、菜籽饼等，并要适时加水增氧。但晒田也不是必须的，有些地区不晒田也可以。

（八）田间管理

第一，经常巡田，检查鱼的活动、吃食和水质情况以及水稻长势，以便确定调整投饵、施肥、换水和防病。

第二，检查田埂有无漏洞、坍塌，拦鱼栅是否有破损，发现问题及时解决，以防止逃鱼和野杂鱼进入。

第三，稻田晒田、打农药时放水要缓慢，以免鱼类滞留在田面浅沟里。放水后，鱼沟水浅，鱼种比较暴露，易被鼠、蛇、猫、狗、黄鼠狼、水鸟等敌害侵袭、捕食。因此，晒田、打药脱水时间要短，应及早复水和驱赶敌害。

第四，久旱时要做好防旱工作，暴雨之前要防涝，天气闷热时要防止鱼类浮头。在疾病流行季节应及早防病。

（九）鱼病防治

鱼病防治要注意做到以下几点：一是防治结合，无病早防，有病早治，防重于治。二是定期用生石灰和漂白粉轮流作全池泼洒进行预防。生石灰溶液浓度为 15～20 毫克/千克，漂白粉为 1 毫克/千克。三是对鱼种实行消毒，操作时要轻捷，不使鱼种受伤。四是口服药饵，食场挂药袋（篓）预防。五是发现鱼病，及时对症下药。

（十）鱼类收获

1. 收获时间

稻、鱼并作田，可在水稻收割前 10～15 天放水收鱼、晒田。稻、鱼轮作田，可在翌年插秧前收鱼。双季稻田连养鱼，应在前季稻收割前，将鱼集中于沟、池或暂时转移别处，待晚季稻收割前，最终捕鱼。养罗非鱼的，应在 10 月中下旬，水温 10℃ 以上时捕鱼。

2. 收鱼方法

收鱼时，通常采用放水收鱼。放水要慢，以便让鱼类逐步集中到鱼沟，再将鱼沟内的鱼赶进鱼溜，用抄网或小拉网捕捞。捕起的鱼应即时冲洗干净，以免鳃上沾泥影响成活率。洗净后放入暂养网箱，待鱼休息片刻后，再按品种、档次分开过秤、测量、记数。最后将鱼移至下一级饲养场所养殖或出售。

（十一）鱼种越冬

1. 越冬池选择

越冬池要求避风向阳，靠近水源，保水保肥，池底淤泥少，面积适中。越冬池面积1~3亩，水深1.5~1.8米。

2. 越冬前准备

（1）越冬池消毒越冬池用生石灰或漂白粉清池，消灭病原体。（2）在越冬前加强投喂，投喂豆饼、菜籽饼、花生饼等含脂肪较多的精饲料，促进鱼体体内脂肪贮存，增加肥满度，使鱼种能安全越冬。

3. 鱼种并塘时间

当冬季水温一般低于10℃时，即或并塘，为了操作方便通常在单季晚稻收割后开始并塘。

4. 并池越冬密度

具流水条件的越冬池每亩水面可放养鱼种500~800千克，相当于每立方米水体0.5~0.6千克。无补水条件的越冬池，每立方米水体放鱼种不宜超过0.25千克。

5. 越冬管理

鱼种越冬塘要有专人管理。晴好天气里应适当施肥、投饵。一般每周投饵2次，每次投饵量为鱼的总重量的0.5%左右，并视水色在晴好天气灌注新水，改善水质。

第三节　稻、萍、鱼养殖模式

稻、萍、鱼共生种养殖，最好采用垄稻沟鱼式。因为这种方式沟面宽，水体大。

1. 稻田准备

稻、鱼、萍混作田对水源要求比稻鱼共生田要高，即天旱时能确保鱼沟中有水，暴雨时田水能顺畅排出，田水不漫没田埂。田块开阔向阳，四周无树木遮蔽。稻田起垄开沟与半旱式稻田工程基本相同。

2. 投放萍种

3 月上中旬放萍。整田、施肥后灌水浸垄、耙平。翌日继续注水没过垄面 3 厘米即可放萍种，每亩水面放 600 千克。至早、中稻插秧前 7 ~ 10 天倒萍，放干田水，让萍体贴泥。然后每亩洒生石灰（化水）40 ~ 50 千克，并用垄沟稀泥覆盖萍体倒萍，2 ~ 3 天后沟中灌满水，保持垄面潮湿，插秧前再耥平垄面，即可插秧。

3. 鱼种放养

因绿萍繁殖快、产量高，可大量放养草食性鱼类，如草鱼、鳊鱼，搭配鲤鱼、鲫鱼、罗非鱼、白鲢。总放养量可比稻鱼共生田略高。春季的绿萍繁殖快，产量高，草鱼、鳊鱼个体小，食量小，萍会过剩，故鱼种应老口、仔口搭配放养，使鱼尽量吃掉大量繁殖的绿萍，充分发挥萍的饵料作用。一般每亩放养仔口鱼种 600 ~ 700 尾或夏花鱼种 1200 ~ 1400 尾，单养鱼种每亩放养夏花鱼种 2000 ~ 3000 尾。

第四节　稻田养青虾

1. 养虾稻田准备

（1）养虾稻田工程设施。与养鱼稻田的工程设施要求基本相同。沟、坑面积占稻田面积的 6% ~ 8%。为创造对于虾的生态习性更为有利的生态环境，虾沟两边要有一定的坡度。此外，虾沟两边要栽植水草，如轮叶黑藻、菹草、马来眼子菜、金鱼藻等。水草面积要占虾沟水面积的 1/3 ~ 1/2，9 月中旬以后水草可减少些。

（2）稻田消毒每亩用生石灰 30 ~ 40 千克化水后全田泼洒。虾沟内可适当多洒些，以杀灭敌害和病原体，中和土壤酸性，改良水质，也为青虾的蜕壳增加钙质。消毒后7~10天，即可放虾。

（3）施基肥。每亩施腐熟有机肥350~500千克。

2. 虾种放养

稻田养虾的虾种来源主要靠自己繁殖和野外捕捞，尤以稻田抱子虾自己繁殖为主，因青虾能在稻田浅水中自然繁殖，而且繁殖速度快，基数大，幼虾生长也快。一般每亩产商品虾30~40千克。

（1）直接投放亲虾。4月底5月中旬，当水温为18℃以上时，即可选择亲虾放养。亲虾应挑选活泼健壮、无病无缺肢，体长5~6厘米的抱子青虾，或性腺成熟度好的虾，每亩投放雌虾500~800只，雄虾300~500只。待6~7月份繁殖盛期以后捕出亲虾，以免老年青虾自然死亡而造成经济损失。亲虾放养前在虾凼（虾坑或田头凼、田边大沟）与虾沟（田中沟）之间暂用拦鱼栅隔开，将亲虾圈养于虾凼中，让虾苗可自由进入稻田，待虾苗孵出后捕出亲虾，拆除拦虾栅。也有不设拦虾栅，将亲虾直接放入大田的，亲虾不回收。

（2）直接放养体长1.2~1.5厘米的当年虾苗。每亩放养2.5万~3万只。放养虾苗养殖，出塘商品虾规格整齐。虾苗可直接放入大田，也可放田头凼或虾溜中集中暂养，待禾苗返青后放入大田。这种放养模式，可少量搭配不与青虾竞争饵料的白鲢，充分利用稻田水体。但搭养的白鲢鱼种应在虾苗稍大些以后再放养。青虾稻田不宜搭配杂食性的鲤鱼、鲫鱼、罗非鱼等，以防它们吞食田中自然繁殖的虾苗。

3. 稻田养虾饲养管理

饲养管理的基本要点是重点抓投饵和水质管理，妥善处理稻田打农药、施肥、晒田与养虾的矛盾。

（1）投饵。①直接放养虾苗的投饵管理。开始每天投喂豆浆，当体长达到0.5厘米时，加喂鱼粉；虾苗长到1厘米时，投喂麦麸、米糠、豆饼粉、鱼粉，投喂量是每天每万尾150~200克，分

3～4次投喂；幼虾长到2厘米以上时，加喂绞碎的螺、蚌、蚯蚓、小杂鱼和颗粒配合饲料。投饵量增加为虾苗体重的3%～5%，投喂次数逐渐减少为上午、下午各1次。傍晚的1次投喂量占日投量的3/4。②稻田中放养抱子亲虾的投饵管理。开始时每日投放绞碎的鱼肉、螺、蚌、蚯蚓、蚕蛹等动物性饵料，促进亲虾性腺再次成熟并且怀卵。抱子虾放养后不久，虾苗就孵化出膜。这时的投饵，应该同时兼顾亲虾与虾苗。

（2）虾田水质管理。要求水质清新，含氧量高。7～9月份，青虾生长旺盛，每隔5～7天换水1次，换水量为1/3。这样，既能增加溶氧，又能促进虾的生长。在此期间，还应每15～20天泼洒1次生石灰水，以改善水质，同时起到防病的作用，还可增加青虾生长蜕壳所需的钙质。每亩用生石灰25～40千克。9月份后，虾沟水深要保持在1米，以防青苔大量繁殖。

（3）虾田施肥与用药。青虾对于化学肥料及农药很敏感，要特别注意虾的安全。稻田基肥最好用腐熟的有机肥。用尿素作追肥时，每亩用量不得超过7.5千克，复合肥不得超过8～10千克，每次施肥间隔时间要在10天以上，碳酸氢铵最好不用，要用也只能作基肥，并深施。打农药时，要加深田水7～10厘米。水稻治虫药也要选用高效低毒农药，严禁使用杀灭菊酯、六六六、敌百虫、1605、1059、毒杀酚等剧毒农药，并且施用农药的间隔时间也应长些。其他日常管理见常规鱼养殖。

4. 虾病防治

（1）烂鳃病鳃丝发黑，局部霉烂。虾停伏水边。用2毫克/千克漂白粉全池泼洒。

（2）红体病。发病初期病虾尾柄发红，以后扩大到头胸部及腹部而死亡。此病多发生在放苗、除野时，选捕后的几天中，由于操作时虾体受伤，引起细菌感染而致。目前尚无药物可治。为此，操作时必须小心，尽量带水操作，避免叠压、翻抄。

5. 起捕

青虾生长速度快，饲养 3 ~4 个月后，体长可达 4 ~5 厘米，此时便可捕大留小，轮捕上市。到 11 月中下旬，全田起捕。捕虾有虾笼、地笼诱捕，虾罾板捕，虾沟中挖虾窝，用抄网抄捕等方法。最后到 11 ~12 月份水温下降，虾的生长已经很慢，这时即可全田放水捕捞。

6. 稻田冬季养虾

稻田冬季养虾是利用稻田收获后的冬闲田或虾沟进行冬季养殖，一方面可以提高稻田利用率，另一方面可为翌年养殖准备虾种。

（1）清理虾沟，适时放养　当年底青虾全部起捕后，立即清理虾沟，挖除虾沟中污泥，整修加固加高田埂，用生石灰消毒，1 周后灌水至 1/2 量，检查水的酸碱度，若 pH 值超过 8，应排掉一些再放满水，保持 1 米水深。虾种来源：一是前茬虾起捕时挑出留下来的不满 4 厘米长的小虾；二是收集养鱼场鱼塘里筛出的小虾。每亩虾沟水面放养 2 万 ~2. 5 万尾，抓紧在冬季到来之前放养。

（2）精心饲养管理　青虾冬季虽然生长缓慢，但并不是完全停止摄食。因此，在放养后应抓紧冬前时间精心喂养，饲料要精，如豆饼、麦芽、螺蚌、小鱼等，日投饵量按虾体重的 5% 计算。1 ~2 月份天气寒冷，虾不大活动，晴天时在向阳处投喂少量饵料。3 月份以后，天气回暖，虾的活动量与摄食量增加，投饵量可逐步增加到虾体重的3% ~6% 。5 月份开始，青虾快速生长，性腺发育成熟怀卵，投饵量应增加到虾体重的 8% ~10% ，尽量提高青虾出池规格。冬季管理主要是加强水质管理，根据水色水质变化情况适时注换新水，换水时要注意水温变化不可太大。日常要巡田检查，防偷、防害、防结冰。

（3）适时收获，选留抱子亲虾经过冬后 3 个月时间的养殖，上一年的小虾已长到 5 ~6 厘米，大部分雌虾已抱子，这时便可捕捉，挑出选留怀卵虾，其余上市销售。

第五节　稻田养殖淡水经济贝类

稻田养殖经济贝类，主要是养田螺、螺蛳、三角帆蚌、褶纹冠蚌、背角无齿蚌、卵圆蚌（又称菜蚌）等，它们有着共同的特性：对生态环境条件要求不高，湖泊、河道、池塘和稻田等水域均适合它们栖息、生长；食物来源广泛，大多以浮游生物、水生植物嫩芽、嫩叶、各种蔬菜、果皮和多种腐屑为食，也能摄食各种动植物性人工饵料。因此，充分利用稻田生态条件，发展贝类养殖，大有可为。本节主要介绍稻田养殖田螺、螺蛳。

1. 田螺、螺蛳的生活习性

田螺、螺蛳都喜栖息在腐殖质丰富的浅水中。当水温降到15℃以下时，田螺会挖穴越冬；15℃以上，外出活动摄食；20～25℃为最适水温；30℃以上时，田螺会钻入泥中避热。雄田螺寿命为2～3年，雌田螺为4～5年。田螺的逃逸性很强，可借助其腹足的强大吸着力，成群地逃逸。田螺雌雄外形较难分辨，只有当其爬行运动伸展触角时方能辨认，雄性右侧角向内弯曲，其弯曲部分即交接器。田螺为卵胎生，5～10月份是交配产卵季节，春秋两季是产卵高峰，8月份产的仔螺，翌年5月份就达性成熟，8月份又可产仔。

2. 放养螺种

稻田养殖田螺和螺蛳均可与鱼类混养，其习性和食性与鱼类无矛盾，还可为鱼类起到清道夫的作用，能清扫底质，净化水质。养殖螺类的稻田，沟池近田埂一侧需要有浅水区，坡比通常为1∶8。放养螺种前，需要清沟、消毒和施足基肥（腐熟的有机肥），培育基础饵料，环沟内移植水草，沟边还可放少许稻草，供幼螺觅食栖息。放养螺种有两种方式：一是于5～6月份放养仔螺，通常每亩可放养规格为0.06克的仔螺2万～3万只（1.2～1.8千克）；二是于头年放养性成熟的亲螺，越冬后，于5月份让其产仔螺，作为养殖的种螺。亲螺放养数量可根据其产仔能力和所要仔螺数量确定。

养殖螺类，一般都与常规鱼类混养，鱼的品种可选择以草鱼、鳊鱼为主。

3. 饲养管理

（1）饵料投喂。田螺与螺蛳的天然饵料主要是稻田中的各种腐殖质、低等藻类、青苔、细菌团、草鱼和鳊鱼粪便等。人工合理地投喂一些精饲料，可促进田螺与螺蛳的生长，改善其肉质。如鱼类的各种精、粗饲料，小鱼、小虾、禽畜下脚料等，豆饼、菜籽饼、米糠、麦麸、菜叶等，经过粉碎、混合后加工成团（粒）投喂。对于仔螺，开始时投喂蛋黄浆，日投3次，每次每万只仔螺投喂1～2个蛋黄；也可泼洒黄豆浆，1个月后可改喂人工饵料，每3天投喂1次，每次投喂量按所有螺体重的10%～30%计算。对于成螺的投喂，每3～4天1次，每次投喂量为体重的2%～5%计，在早晨或上午投喂。田螺冬眠期停止给食。

（2）水质管理。田螺与螺蛳同鱼类一样，要求水质清新，过肥或过淡的水对螺类生长均不利。在养殖过程中，需经常注、换新水，保持水质肥、活、爽。

（3）日常田间管理。坚持每日巡田，在察看鱼情的同时，要特别注意螺在水边及田埂边的活动，防止螺类逃逸。螺的爬行虽慢，但如果不仔细察看，其逃逸的危险可能会在不知不觉中发生。

（4）田螺、螺蛳的捕捉。田螺的肉质以1周年养殖的为最好，以12月份至翌年2～3月份为最肥美，应在此段时间安排起捕。捕捉田螺、螺蛳有多种方法，如用手抄网抄捕、徒手捕捉、投饵诱捕、干沟捕捉等。

第七章　葡萄优质、安全设施栽培模式

浙江省农业科学院研究员　吴　江

随着简易避雨小环棚等新设施的研制和应用，南方已成为我国新兴的葡萄产区，产业发展迅速。浙江省地处东南沿海，介于南方葡萄栽培非适区（我国香港、澳门及广东大部）和北方葡萄传统生产区之间，是我国葡萄生产栽培的年轻区域。湿润的亚热带季风气候和良好的光热资源既能保证葡萄充分成熟，又能基本满足葡萄休眠期的低温需求，上市早，效益高，在生产上占有天时地利的优势，目前生产面积已超过 33 万余亩，产值 24 亿余元。但仍存在栽培技术参差不齐，优质果比例少，果品价格差异大等问题。笔者根据各地需求，在调查、试验的基础上总结出“欧美杂交种、欧亚种葡萄优质、安全设施栽培模式”，该模式推广应用后，生产出的葡萄果品优质安全性高，效益好。供浙江省及南方或拟南方同类生态区果农参考应用。

第一节　品种介绍

一、适宜的优质欧美杂交种新品种

1. 夏黑

属早熟品种。果穗多为圆锥形，平均穗重 600 克。果粒近圆形，紫黑色到蓝黑色，单粒重 3 克左右，赤霉素处理后达 5 ~ 6 克，赤霉素加吡效隆处理可达 8 克左右。果皮厚而脆，果粉厚。果肉硬脆，味浓甜，具有浓郁的草莓香味，可溶性固形物含量18%～23%，三倍体无核。生长势、发枝力极强。田间抗病力中等，叶片抗黑痘病、霜霉病能力稍差，果穗易感染灰霉病、炭疽病。适于设施促成栽培。

2. 早甜

属早中熟品种。果穗圆锥形，穗重 500～700 克。果粒大，圆形或卵圆形，平均单粒重 10.4 克，无核化栽培果粒重达 12～15 克。果皮中厚，紫红至紫黑色，果粉厚，果肉稍脆，果汁多，可溶性固形物含量 16%～18%。生长势、发枝力强。花芽分化易且节位低，适宜 H 型整形和短梢修剪，丰产稳产性好，抗病性较强，采收期长，延长至中秋、国庆节采收品质更好。露地、设施均可栽培，但南方以设施栽培为好。

3. 醉金香

属早中熟品种。果穗圆锥形，穗重 500～1000 克。果粒卵圆形，成熟时果面金黄色，单粒重 8～11 克，无核化栽培果粒重达 10～13 克。果皮薄，与果肉易分离。果实具有浓郁的茉莉香味，肉质软硬适度，可溶性固形物含量18%～21%，品质佳，但未完全成熟或吡效隆等处理的果实皮带涩味。生长势、发枝力中等偏强。抗病性较强。果实易日灼和气灼。采收期长，延长至中秋、国庆节采收品质更好。易落粒。露地、设施均可栽培，南方以设施栽培为好。

4. 宇选 1 号（巨峰优株）

属早中熟新品种。果穗圆锥形，自然生长穗重 500 克左右；果粒椭圆形或倒卵圆形，自然粒重 12～13.5 克，无核化栽培果粒重达 13～15 克，果皮紫黑色；果肉较软，味甜，略有草莓香味；可溶性固形物 17.5%～19.5%，品质上等。种子数 1～3 粒。在浙南地区 7 月中上旬果实成熟，比巨峰早熟约 7 天。植株生长势强，适应性和抗病性较强，适宜设施栽培。

5. 鄞红（原名：甬优1号）

属中熟品种。果穗圆锥形，穗重500～700克。果粒椭圆形，单粒重10～11克。果皮紫红至紫黑色，果皮厚韧、与果肉易分离。果肉稍硬。可溶性固形物含量17%～19%。生长势、发枝力强。花芽易形成，丰产稳产较好，抗病性较强，长势较早甜旺，坐果较早甜差。适合设施栽培，注意防裂果。

6. 巨玫瑰

属中熟品种。果穗圆锥形，穗形好，穗重400～600克。果粒椭圆形，单粒重8～9克，无核化栽培果粒重达10～11克。果皮紫红色。果肉风味浓甜，具浓郁玫瑰香味，可溶性固形物含量18%～22%，品质极佳，过熟回糖香味变淡。生长势、发枝力较强。不裂果，但易缺镁叶早衰。适合设施栽培。

7. 玉手指（金手指优株）

属早中熟品种。果穗长圆锥形，穗重400～700克。果粒指形，略弯曲，呈弓状，单粒重6～8克。果皮中厚，黄绿色到金黄色。可溶性固形物20%～25%，具浓郁冰糖味和奶油香味。生长势、发枝力强。不裂果。易遭绿盲蝽为害，抗黑痘病、霜霉病较弱。适合设施促早栽培。

二、适宜的优质欧亚种葡萄新品种

1. 碧香无核

属早熟品种。果穗长圆锥形，穗重400～750克。果粒近圆形，自然无籽或软籽，自然粒重3～5克。果皮中厚，黄绿色。可溶性固形物18%～25%，具浓郁玫瑰香味，品质极佳。生长势、发枝力强。不裂果。易遭蚜虫为害。耐高温高湿，抗病性好。“三膜”覆盖促早栽培5月中下旬开始成熟。适宜设施栽培。

2. 红马司卡特

属中熟品种。果穗圆锥或圆柱形，穗重600～1000克。果粒椭圆形，粒重6~8克，果皮中厚，粉红至玫瑰红色。可溶性固形物18%~22%，具浓郁玫瑰香味，品质极佳。生长势中等、花芽分化容易。不裂果。耐高温高湿，抗病性好。采收期自8~11月。适宜设施栽培。

3. 红地球

又名晚红、红提，属晚熟品种。果穗长圆锥形，穗重800~1000克。果粒圆形或卵圆形，粒重12~15克。果皮中厚，粉红色至暗紫色。果肉硬脆，味甜，可溶性固形物含量15%~17%。生长势、发枝力随树龄增长逐渐增强。抗病性较弱。果实易日灼。需设施栽培。

4. 白罗莎里奥

属晚熟品种。果穗圆锥形，穗重600~1000克。果粒椭圆形，粒重8~10克。果皮薄，黄绿色，果粉厚。果肉绿黄色，味鲜甜。可溶性固形物含量18.0%~20.5%。生长势、发枝力中等。花芽易分化，丰产稳产性好。除较易感染白粉病外，对其他病害抗病性较强，需设施栽培。

第二节 栽培技术

一、建园

1. 苗木选择

选用接芽饱满、生长健壮、根系发达、无病虫害的一级苗作定植用苗，土壤较肥沃、微酸至微碱性壤土的可采用扦插苗，但酸性或碱性或含盐量较高的或有线虫病的土壤需采用如SO_4、5BB专用砧木等嫁接。

2. 栽植期

12月上旬至次年3月上旬。

3. 栽植密度与行向

钢管大棚行距 2.4 ~ 3 米，株距1.5 ~ 2 米，每亩栽 110 ~ 185 株。简易连体保暖小环棚行距 2.5 ~3 米，株距 1.5 ~2 米，每亩栽 110 ~ 180 株。具体根据品种生长势和架式及整形方式而定。栽植行向以南北向为宜。

4. 栽植要求

定植沟深 30 ~ 50 厘米，沟宽 60 ~ 80 厘米，每亩施 2000 千克畜肥或商品有机肥 1000 千克，混 100 千克磷肥施入沟内，填土整成馒头形栽植垄。用磷肥点好定植点，选晴天或阴天栽植。栽植时，苗根向四周伸展，填土，浇透水，用 80 ~ 100 厘米宽黑色地膜全垄条形覆盖。并及时开好三沟：围沟（100 厘米深）、腰沟（60 厘米深）、畦沟（40 厘米深）配套。

5. 设施

（1）简易标准钢管连栋大棚高 3.5 米以上，肩高 2.0 米。

（2）简易连体保暖小环棚顶高 2.2 ~2.3 米，行宽 2.5 ~ 3 米（含沟）。在单行用简易避雨小环棚基础上，整块地四周及棚间通天空气道用薄膜覆盖全封闭保暖。

6. 架式

（1）平棚架：立柱高 2.5 米，地面高 1.8 ~2.0 米，每个立柱间距 4 米，每标准大棚种植 2 行。行间立柱对齐，以钢丝替代横杆，架面纵、横各 30 厘米布钢丝，形成棚架面。

（2）双十字“V”形架（见图 1）：

（3）单十字“飞鸟”形架（见图 2）。

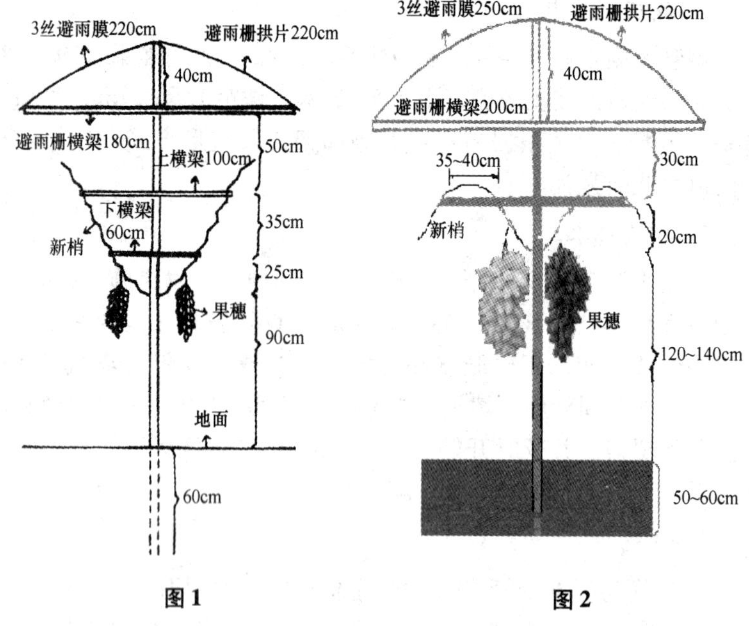

图1　　图2

二、幼树管理

1. 生长指标

双十字“V”形架70厘米处，单十字“飞鸟”形架130厘米处，棚架150厘米处，通过摘心培育2～4蔓。冬剪主蔓长180厘米左右。第一年可露地栽培。

2. 分类培育

5月底至6月上旬已形成4条主蔓为较理想的生长量。视生长情况分类培育。快长苗摘心后4条主蔓30厘米以上控水、控肥；稳长苗摘心后4条主蔓30厘米以下，合理供肥水；慢长苗尚未形成4条主蔓的要薄肥勤施，10～15天1次，以水促苗，力争培育4条蔓；停长苗待新梢开始生长，薄肥勤施，先淡后渐浓，避免过多施尿素或碳酸氢铵。各种类型的苗主蔓长至1.5米左右摘心增粗，主蔓上长出的副梢长势弱的留 1～2 叶摘心，强的摘除。

3. 追肥

6 月中旬铺施腐熟的畜肥，每亩施 500 千克，于种植垄上，沟泥压肥或肥面铺草。根外施肥叶面喷施 0.2% 磷酸二氢钾和 0.2%～0.3% 尿素液，每月 2～4 次至 8 月。各种类型的苗主蔓长至 1.5 米左右摘心增粗，主蔓上长出的副梢留 1～2 叶摘心。

4. 病虫害

防治黑痘病、霜霉病、白腐病、绿盲蝽、叶蝉、天蛾、透翅蛾、斜纹夜蛾等病虫害。

三、结果树管理

1. 盖膜、揭膜

于 1 月中下旬（浙中南）至 2 月中旬（浙北）盖膜，5 月中旬揭除围膜、开天窗转为避雨栽培。葡萄采收后揭除顶膜，分批揭膜延长采果期。抗霜霉病差的品种可延迟揭膜。

2. 温湿度调控

（1）棚内温度湿度见下表。

时间	棚内温度湿度要求	作业
封膜至萌芽前	不超过 30℃，湿度 85% 左右	以增温为主
萌芽后至开花前	温度 20～25℃，湿度 60%～70%	齐芽后立即铺地膜
开花期至坐果期	温度 20～28℃，湿度 60%	防 35℃以上高温
坐果后至采果结束	气温稳定在 25℃以上	避雨栽培，防 35℃以上高温

（2）土壤湿度调控。覆顶膜前葡萄园需灌透水，果实生理落果后第一次膨大期和第二次迅速膨大期确保水分供应。梅雨季及时排水，防止因积水缺氧造成根系腐烂或生理失调发生缩果病、棚内湿度过高发生灰霉病。易裂果的品种成熟前 1 个月控水，方法一：

沟内盖膜或限根不致接触雨水；方法二：挖深排水沟，使畦沟内水位保持稳定。

3. 枝蔓管理

（1）解除休眠。萌芽前20～30天用5～7倍石灰氮浸出液或20倍朵美滋涂结果母枝，剪口2个芽不涂。

（2）抹芽、定梢。新梢长至3～4厘米时分批抹除多余的芽（对长势过旺的品种巨峰、鄞红第一次抹芽可推迟到4～5叶时进行，以缓和长势）；见花序或5叶1心期后陆续抹除多余的梢。新梢长至40厘米左右时，双十字“V”形架和单十字“飞鸟”形架选花穗大的梢按18～20厘米等距离定梢绑缚在钢丝上；平棚架掌握每平方米5～6条。

（3）摘心、副梢处理。欧美杂交种：“V”形架：一般新梢长至花序上6叶时摘心，无核处理的花序留2～4叶摘心。“飞鸟”形架：长势旺如夏黑等，在新梢长至花序上3～5叶摘心，去除副梢，顶副梢留1根，长至始花期留3～5叶摘心保果，去除二次副梢，顶副梢留4～5片叶再摘心。平棚架：见花期在花序上部留6～8叶摘心，以后视枝蔓生长情况，对强梢再摘心1～2次。注意在离主干附近留4根营养枝培养成为第二年的结果母枝，新梢长至12叶时留10叶摘心，顶副梢留4叶连续摘心。

欧亚种：“飞鸟”形架和平棚架：新梢长至花序上5叶时摘心，顶副梢按4－3－2－1叶摘心，其余副梢留1叶后摘心。注意在离主干附近留4根营养枝培养成为第二年的结果母枝，按“5－4－3－2－1”摘心法培养。平棚架：花期在花序上部留6～8叶摘心。易日灼的欧亚种美人指、红地球等品种，花序上下2节副梢留2～3叶反复摘心和扭梢。

（4）冬季修剪。修剪时间在自然落叶1个月后至次年1月间。

幼树修剪方法：第一年留3～4芽定植，选留1根新梢作主干，根据架式待新梢长至70～150厘米时摘心，再培养4个副梢作为结果母枝；平棚架结果枝间距1米左右。

结果树修剪方法：欧亚种结果母枝采用中长梢修剪(6~10芽为主)，留4~8根（根据株距定）；欧美杂交种结果母枝一般采用中梢（5~7芽为主），4~6（根据株距定）根。更新枝2根，留2~3芽修剪。

四、花、穗管理

1. 花穗

为减少疏果工作量，根据品种穗梗长短、花蕾紧凑程度、自然坐果率的高低在花前10~15天，欧美杂交种采用5~10毫克/千克、欧亚种采用3~5毫克/千克赤霉素或赤霉酸喷花穗进行拉长。

2. 定穗

每一结果枝留一穗，弱枝不留果穗。有籽葡萄品种无核化处理结果枝与营养枝按1~1.5∶1配置。

3. 整穗

（1）欧美杂交种：花前3~5天掐穗尖和除副穗。有籽栽培花序留穗尖10厘米，每个支穗保留10粒花蕾。无核化处理的花序留穗尖4~7厘米（成熟时单穗重500~1000克）。

（2）欧亚种：花前5~7天掐穗尖和除副穗。大穗掐去1/3~1/2副穗，去穗尖，除基部数个小穗轴，保留支穗11至15个；中花穗掐去1/3，只去副穗。

4. 疏果粒

中大粒品种每穗控制40~60粒之间、小粒品种留80~100粒。疏去圆粒无籽果、瘦小、畸形、果柄细弱、朝内生长的幼果。果穗整成圆柱形。

5. 套袋

用白色葡萄专用纸袋，套袋时间为5月份（易日灼、气灼、晚熟的品种推迟套袋）。同时防止各种虫、鸟等为害，并能减轻果穗受药物污染和残留积蓄。

五、采收

在果实达到品种固有品质特性时进行采摘，绿色和袋内着色品种去袋剪除病虫果，套上白色泡沫网袋（保护果粉减少运输过程中擦伤），直接装入包装箱中，欧美杂交种单层包装为宜；而粉红、不易着色或着色不均匀的品种采前半月左右拆袋，促进着色。

第三节 施肥

一、施肥时期和施肥量

1. 欧美杂交种

肥料	时间	施肥量（亩）	方法
基肥	10月底至11月	畜禽肥1.5~2吨、商品肥1吨，加硼肥、硫酸锌、镁各2千克，钙肥50~75千克	深翻入土、灌水
催芽肥	萌芽前10~15天	复合肥10千克（看树施）	撒施、灌水
花前肥	新梢7~8叶	复合肥20千克（无核化栽培）	开沟条施、灌水
膨果肥	花谢75%至果黄豆大 膨大剂处理前后	复合肥10千克+尿素5~10千克 复合肥10~20千克（距前次施肥7~10天）	开沟条施、灌水
着色肥	硬核期	硫酸钾30千克+钙肥10千克，分两次施入	开沟条施、灌水
采果肥	采果后	氮磷二元复合肥10~15千克	浅翻入土、灌水

2. 欧亚种

肥料	时间	施肥量（亩）	方　法
基肥	10月底至11月	畜禽肥2吨、商品肥0.5～1吨，加硼肥2千克	深翻入土、灌水
催芽肥	萌芽前10～15天	三元复合肥10千克	撒施、灌水或肥水同灌
花前肥	4月上中旬	复合肥10～20千克（看树施）	开沟条施、灌水或肥水同灌
膨果肥	花谢75%时（5月中旬）	三元复合肥15～20千克（分二次施，隔7～10天）	开沟条施、灌水或肥水同灌
着色肥	硬核期（5月中下旬）	硫酸钾30千克＋钙肥10千克（分两次施）	开沟条施、灌水或肥水同灌
采果肥	采果后	复合肥5～10千克	浅翻入土、灌水

二、叶面肥

开花前后结合防病喷施0.2%复合硼锌肥，6月后每月喷施2次0.2%磷酸二氢钾，0.3%尿素或效果较好的营养液，直至九月，全年喷施10次左右。

三、微量元素缺素症状及校正

1. 缺硼

使花芽分化、花粉的发育和萌芽受到抑制，开花时花冠不脱落，坐果不良，豆粒现象严重。幼叶出现油浸状的黄白色斑点，叶脉木栓化变褐，老叶发黄向后弯曲，花序发育瘦小。幼果缺硼凹陷，果肉变褐，果形变弯曲。校正：采果后每亩施硼砂500～1000克。花前7～14天喷施0.2%复合硼锌肥或21%保倍硼2000倍液或0.3%硼酸（硼砂）各1次。

2. 缺钙

影响氮吸收，叶色变淡，叶脉间有灰棕色斑点，叶变小，甚至变褐而枯死；新根短粗、弯曲，尖端不久褐变枯死；果实糖分积累少，果粉少，果味淡，不耐贮藏。缺钙多发生在酸度较高的土壤，同时过多施钾、氮、镁也可使植株缺钙。校正：对严重缺钙的葡萄园，分别在生长前期、幼果膨大期和采前 1 个月，叶面喷硝酸钙或氨基酸钙，以少量多次为宜。

3. 缺铁

幼叶失绿，叶肉呈黄绿色，叶脉仍为绿色，又称黄叶病。土壤及灌溉用水 pH 值过高即盐碱地或过分黏重土壤，容易出现缺铁症。校正：通过增施有机肥来改良，或叶片喷肥校正，可在生长前期每 7 ~ 10 天喷 1 次 0.2% 硫酸亚铁，喷多次才能校正。

4. 缺锌

小叶病（即新梢顶部叶片狭小或枝条纤细，节间短，小叶密集丛生，质厚而脆，严重时从新梢基部向上逐渐脱落。果穗出现大小粒。校正：在生长前期每 7 ~ 10 天喷 1 次 0.2% 的硫酸锌，连续喷 2 ~ 3 次。

5. 缺镁

植株基部老叶开始发生，最初叶脉间褪绿，继而发展成带状黄化斑点，从叶片内部向叶缘发展，逐渐黄化，剩下叶脉仍保持绿色。校正：在生长前期每 7 ~ 10 天喷 1 次 0.2% 的硫酸镁，连续喷 2 ~ 3 次。

第四节　病虫害防治

一、葡萄主要病害的防治

1. 葡萄灰霉病

防治方法：①不宜间作其他作物。因灰霉菌寄主范围广，除为害葡萄外，还为害草莓、番茄、茄子、黄瓜等，否则易交叉重复感染。②齐芽后全园地面及沟铺地膜降湿防病。花期忌温度忽高忽低，中午注意通风降温。③生长期内，棚中发现病花穗、病果时，应及时摘除并带出大棚深埋。秋后清除病残体，集中烧毁。④发病初期（开花前）可选用一种或交替使用以下杀菌剂防治：10%多抗霉素600倍液、78%科博600~800倍液、50%扑海因可湿性粉剂1000~1500倍液、50%施佳乐1500倍液、40%嘧霉胺800~1000倍液、50%速克灵可湿性粉剂1500倍液、70%甲托800倍液或50%农利灵1000~1300倍液等。最好用手动喷雾器对准花穗喷雾1次，花后与浆果转色期再各喷1次。忌用弥雾机喷雾。为防止棚内水气太大，也可用药液浸果穗，效果也十分理想。还可进行大棚熏蒸，每亩用速克灵烟剂250克，傍晚闭棚熏蒸，不仅可防治灰霉病，还可显著降低棚内湿度。

2. 葡萄霜霉病

防治方法：①采用大棚或小环棚设施栽培。②秋冬季清园，减少浸染源。秋季葡萄落叶后将落叶、病穗扫净烧毁。冬季修剪时，尽可能把病梢剪掉，并再次清理果园，用波美3~5度石硫合剂匀喷枝干和地面。③提高第一档结果母蔓绑缚高度和结果部位至1~1.2米；及时摘心、合理修剪，改善通风透光条件，增施磷钾肥料，提高植株抗病能力。④发病初期即应喷药防治，以后每半月左右用药一次。一般在发病前用1:0.5:200倍波尔多液、78%科博500~700倍液、80%喷克600~800倍液保护；发病后用化学药剂防治：50%金科克1500~2000倍液、80%霜脲氰1500~2000倍液、52.5%抑快净2000~3000倍液、75%克露600倍液、64%杀毒矾400~500倍液。由于霜霉病菌从叶背面浸入，喷药重点在叶背。

3. 葡萄白腐病

防治方法：①同霜霉病防治。②生长季节摘除病果、病蔓、病叶，减少病源基数。适当提高果穗与地面的距离。③药剂防治：重点抓住花序分离期、谢花后1周、成熟前半个月的防治关键期，比较有效的药剂有：20%苯醚甲环唑3000~5000倍液，22.2%戴挫霉1200~1500倍液，炭疽福美800~1000倍液，世高3000倍液，阿米西达5000倍液等，要交替使用，避免抗药性。

4. 葡萄白粉病

防治方法：①秋冬季清园，减少浸染源。秋季葡萄落叶后将落叶、病穗扫净烧毁。冬季修剪时，尽可能把病梢剪掉，并再次清理果园，用3~5波美度石硫合剂匀喷枝干和地面。②及时摘心、绑缚新梢，保持果园通风透光。③发芽始期，喷布3~5波美度石硫合剂或25%阿米西达2000倍液。④发病时，喷布12.5%烯唑醇3000倍液或10%美铵600倍液、15%粉锈宁1000倍液、30%爱苗乳油4000~6000倍液或50%醚菌酯3000倍液。

5. 葡萄溃疡病

防治方法：①拔除死树，对树体周围土壤进行消毒；用健康枝条留用种条，禁用病枝条留种条。②加强栽培管理，严格控制产量，合理肥水，提高树势，增强植株抗病力；棚室栽培的要及时覆盖薄膜，避免葡萄植株淋雨；剪除病枝条及剪口涂药：可用甲基硫菌灵、多菌灵等杀菌剂加入黏着剂等涂在伤口处，防治病菌侵入。③开花前、后和转色期用汇葡5000倍液+抑霉唑3000倍液防治。

6. 葡萄酸腐病

防治方法：①农业防治：同一园内避免不同熟期品种混栽；避免果粒出现伤口。②药剂防治：以防病为主，病虫兼治。转色期前后使用1~3次80%水胆矾400~600倍液，10~15天1次；杀虫剂用10%高效氯氰菊酯2000倍液等。发现该病发生，立即清除病组织，剪除带出田外，并用80%水胆矾400~600倍液加10%高效氯氰菊酯2000倍液浸或喷病果穗。辅助措施：糖醋液加敌百虫或其他杀虫剂配成诱饵诱杀醋蝇成虫。

7. 葡萄黑痘病

防治方法：①采用大棚或小环棚设施栽培。②秋冬季清园，减少浸染源。秋季葡萄落叶后将落叶、病穗扫净烧毁。冬季修剪时，尽可能把病梢剪掉，并再次清理果园，用波美3～5度石硫合剂匀喷枝干和地面。③展叶初期（2叶1心，新梢约5厘米长度时，）开始防治，以后每2周喷药1次。2叶1心期、花前1～2天，80%谢花及花后10天左右是防治的四个关键时期。效果较好的药剂有：世高2000～3000倍液、80%喷克600倍液、波尔多液［1：1：（160～200）］、40%福星8000～10000倍液、甲基托布津800～1000倍、多菌灵800～1000倍液等。

8. 葡萄线虫病

防治方法：①农业防治：种苗检疫，以限制病株、病土传到无病区。建立无病葡萄园。利用抗性砧木嫁接，是防治线虫病害的重要措施。②药剂防治：移栽前用溴甲烷、棉隆、硫酰氟等土壤熏蒸剂处理，熏蒸深度达60～100厘米，必须在移栽前2周盖膜处理，揭膜放气10天后才能种植。种苗检验和处理：发病种苗根系及携带土壤是根结线虫远距离传播的主要途径。对轻病苗或来自病区的种苗要彻底进行处理：用0.1%克线磷（Nemacur）溶液浸泡30分钟或用50℃温水处理10分钟；根系土壤不宜除掉的，则处理根部携带的土壤24小时，再移栽到大田中。

二、主要害虫的防治

1. 绿盲蝽

防治方法：①剥除老皮，清园消毒。②诱杀成虫：每4公顷果园挂一台频振式杀虫灯。③根据害虫为害习性，适宜在傍晚或清晨喷药防治；因其具有很强的迁移性，成片葡萄园应统一时间、统一用药。在萌芽后的低龄若虫期用药防治，药剂有吡虫啉、啶虫脒、高效氯氰菊酯等，连喷2～3次，间隔7～10天，喷药做到全树上下、周围及杂草全喷到。

2. 葡萄透翅蛾

防治方法：①农业防治：检查种苗、接穗等繁殖材料，查到有幼虫的植株集中烧毁。6～7 月间经常检查嫩枝，发现虫害枝及时剪掉。冬季修剪时，将虫害枝条剪掉烧毁，消灭越冬虫源。②药剂防治：在粗枝上发现为害时，可从蛀孔灌入 80% 敌敌畏 100 倍液或 2.5% 敌杀死 200 倍液，然后用黏土封住蛀孔或用蘸敌敌畏的棉球将蛀孔堵死。成虫羽化期，重点抓花前、谢花后进行药剂防治，10% 歼灭 3000 倍液或高效氯氰菊酯喷杀。

3. 短须螨

防治方法：①农业防治：刮除或剥除老翘皮，集中烧毁，消灭越冬雌成虫。②药剂防治：从外地引进苗木，一定要在定植前用 3 波美度石硫合剂浸泡 3～5 分钟，晾干后再定植；春季芽绒球期用 3～5 波美度石硫合剂喷枝蔓芽；生长季节喷 0.2～0.3 波美度石硫合剂或喷 40% 硫磺胶悬剂 300～400 倍液或阿维・哒螨灵防治。

4. 葡萄斑叶蝉

防治方法：①农业防治：加强田间管理，改善通风透光条件。秋后、春初彻底清扫园内落叶和杂草，减少越冬虫源。②化学防治：抓两个关键时期，一是发芽后（防治越冬成虫关键时期），二是开花前后（防治第一代若虫关键时期）。喷洒 5% 狂刺 5000 倍液或 10% 歼灭 3000 倍液。注意喷雾均匀、全面。

5. 葡萄粉蚧

防治方法：①农业防治：增强树势，提高抗虫能力；冬季清园减少虫源，各代成虫产卵期人工去除老皮，消灭老皮下的虫卵。②保护天敌：保护跳小蜂、黑寄生蜂等天敌。③药剂防治：秋季落叶前，全园仔细喷一次 45% 晶体石硫合剂 300～400 倍液或 48% 毒死蜱乳油 1000～1200 倍液，着重喷树干以减少越冬虫卵基数；冬季剥除老皮；芽绒球期再喷一次。越冬若虫活动期用 25% 噻嗪酮

800～1000倍液或48%毒死蜱乳油1000～1200倍液，连续喷雾2～3次，毒杀若虫。

6. 豆蓝金龟子

防治方法：①物理防治：在每天上、下午成虫活动盛期，摇动枝蔓，振落成虫进行捕杀。②药剂防治：成虫为害期喷布2.5%联苯菊酯1500倍液或10%高效氯氰乳油2000～3000倍液。药剂处理土壤防治幼虫。于地面撒施5%辛硫磷颗粒剂每公顷约30千克，施后将药浅耙入土。

7. 葡萄根瘤蚜

防治方法：①植物检疫，防治此虫传播。②农业防治：采用抗虫砧木嫁接苗；疫区采用沙地育苗。③药剂防治：苗木与接穗枝条调运或栽种前消毒处理：使用50%辛硫磷800～1000倍液或80%敌敌畏600～800倍液，浸泡枝条或苗木15分钟，捞出晾干后调运（或在苗木调运到目的地处理后栽种）。溴甲烷熏蒸处理：在20～30℃的条件下，每立方米的使用剂量为30克左右，熏蒸3～5小时，用电扇或其他通风设备增加熏蒸时的气体流动。温度低时可提高使用剂量；相反，温度高时减少剂量。温水处理：先在43～45℃的水温下浸泡20～30分钟，再在52～54℃下，浸泡枝条、根系5分钟。

三、病虫害防控模式

针对南方主要病虫害发生情况，提出了以下病虫害防控模式。

（1）葡萄芽绒球期，地面、葡萄架和芽喷铲除剂3～5波美度石硫合剂或30%机油·石硫乳剂800倍液，对防治黑痘病有特效，同时杀死越冬虫卵。

（2）展叶期（2叶1心期）用联苯菊酯或狂刺防治绿盲蝽、蚜虫等。

（3）8～10叶期，重点防治穗轴褐枯病兼防灰霉病，用70%甲基托布津或霉能灵 800 倍等防治。

（4）开花前、后，重点防治灰霉病、穗轴褐枯病、白腐病、白粉病、葡萄透翅蛾和粉蚧、东方灰蚧。花前至初花期喷农利灵 800 倍液或 50% 速克灵 600 倍液 + 硼砂 1000 倍液；花后（落花期）喷施佳乐 1000 倍液 + 磷酸二氢钾 500 倍液 + 20% 氰戊菊酯乳剂 3000 倍液。

（5）坐果后套袋前重点防治白腐病，兼防白粉病、炭疽病、霜霉病、吸果夜蛾等病虫害，用保倍 + 抑霉唑 + 苯醚甲环唑 + 苯氧威或狂刺等杀虫剂浸或喷果穗。套袋后用铜制剂防治叶部病害。

采果后至落叶前（9 月上、中旬），重点防治天蛾、叶蝉、霜霉病等。用必备 400 倍预防霜霉病，10% 歼灭乳油 3000 倍杀虫。

四、优质安全葡萄生产禁用农药

国家明令禁止使用的农药（23 种）：六六六，滴滴涕，毒杀芬，二溴氯丙烷，杀虫脒，二溴乙烷，除草醚，艾氏剂，狄氏剂，汞制剂，砷、铅类，敌枯双，氟乙酰胺，甘氟，毒鼠强，氟乙酸钠，毒鼠硅，甲胺磷，甲基对硫磷，对硫磷，久效磷，磷胺。在果树不得使用的农药：甲拌磷，甲基异柳磷，特丁硫磷，甲基硫环磷，治螟磷，内吸磷，克百威，涕灭威，灭线磷，硫环磷，蝇毒磷，地虫硫磷，氯唑磷，苯线磷等。

第八章　大棚蔬菜高效轮作栽培技术

浙江省农业科学院蔬菜所研究员　何圣米

蔬菜生产的轮作制度能合理地利用土壤肥力，防除病、虫、杂草为害，有效防治大棚蔬菜连作障碍，改善土壤的理化性质，使蔬菜生长在良好的土壤环境之中，既能降低生产成本，又能提高蔬菜的产量及质量，增加经济效益，使蔬菜生产得到可持续发展。大棚蔬菜的轮作制度主要围绕如何发挥大棚生产的优势和当地大棚蔬菜和效益保障为目标。

目前大棚蔬菜种植的主要种类有瓜类（包括黄瓜、日本南瓜、西葫芦、苦瓜、瓠瓜等）、茄果类（包括番茄、茄子、辣椒、甜椒）和绿叶菜类（芹菜、莴笋、菠菜、生菜等）等。现推荐两种主要大棚蔬菜轮作模式如下：

第一节　大棚瓜类春季早熟栽培——大棚茄果类秋延后栽培模式

（一）模式安排表

茬口方式	种类	播种期月/旬	定植期月/旬	采收期月/旬
春季早熟栽培	黄瓜、日本南瓜、西葫芦、瓠瓜	1/上～2/上	2/中～3/上	3/下～6/下
秋延后栽培	番茄、茄子、辣椒	6/下～7/中	8/上～8/下	10/中～12/下

（二）早春黄瓜大棚早熟栽培要点

1. 品种选择

早春大棚栽培应选择耐低温弱光的早春大棚栽培专用品种，如津优1号、津优30号、津优35号、津早2号、驰誉401、津园11号等品种。

2. 培育壮苗

电热线加温营养钵（或50孔穴盘）育苗，营养土选用无病虫田土、腐熟猪粪、草木灰按6：2：2的比例，再加0.2%钙镁磷肥配制而成。早春苗龄约35天。

3. 整地及施基肥

每亩面施腐熟农家肥2～3吨、45%三元复合肥30千克、钙镁磷肥50千克作基肥；机械翻耕，使肥料与土壤充分拌匀，按畦宽连沟150厘米作畦，沟宽30厘米，畦中间铺设一条滴灌带，盖好透明地膜。

4. 定植

双行定植，行距以离滴灌带20厘米左右、株距45厘米左右，亩栽1800株左右。

5. 田间管理

定植后以保温、增温为主，做好多层覆盖保温，晴天中午适当通风降湿；气温回升后要加强通风换气，内棚要早揭晚盖，4月上旬撤出内棚，5月上旬起昼夜通风；第一批瓜采收后开始第一次追肥，以后每隔20天左右追施1次，每次每亩追施45%三元复合肥15千克。

6. 搭架引蔓

当植株开始爬蔓时要用尼龙绳进行垂直引蔓，有利于植株的通风透光和提高叶片的光合作用面积，生长架高度2米左右，尼龙绳一头吊在上面铁丝拉成的生长架上，另一头吊在离地面20厘米左右固定在小拱棚棚架上的绳子上；当蔓长到50厘米时应引蔓上架，用尼龙绳绕蔓牵引向上。

7. 植株整理

黄瓜为主、侧蔓结果，植株下部8节以下的侧枝全部剪掉，基部老叶及时摘除，植株8节以上的侧枝选留1个果后摘心；主蔓到顶后打顶。整枝要选择晴天露水干后进行。

8. 常见病虫害防治

黄瓜的主要病害有霜霉病、枯萎病、疫病、炭疽病和白粉病；结合摘心整枝等农事操作可用64%杀毒矾800倍液或50%多菌灵1000倍液喷雾预防；加强通风换气，定瓜后可将基部的4～5片老叶摘除，可减少病害的发生。主要虫害有蚜虫、棕榈蓟马和瓜绢螟；做好田间清园工作，减少虫源。经常检查，在病虫害发生初期及时选用对症农药防治。

9. 采收

黄瓜开花后一般7～10天即可采收，根瓜应适当提早采收；一般每666.7平方米产量4000～5000千克；黄瓜采收时要小心轻放，防止刺瘤脱落或擦伤黄瓜表皮，影响商品性。

（三）秋季辣椒大棚延后栽培要点

1. 品种选择

选用耐热、耐旱，生长势强，抗病毒病，高产优质品种，根据市场需求确定。当前主栽的微辣型高品质辣椒品种是“杭椒1号”。

2. 播种育苗

采用大棚避雨营养钵育苗，亩需种子30克左右。苗床浇透水后，将种子与经过筛过的细焦泥灰拌匀播种，播后覆盖一层1.0厘米的细泥土，盖上稻草保湿，促使早出苗。苗长到2～3片真叶时进行移苗至营养钵或移入50穴的穴盘中假植。

3. 整地

667平方米施腐熟猪牛栏粪2000千克，三元复合肥25千克，生石灰100千克，钙镁磷肥50千克；深翻20厘米，耙平耙匀后作畦，畦面宽120厘米，畦沟宽30厘米。畦面覆盖黑色地膜防杂草和降土温。

4. 定植

畦面种植两行，株距45厘米，每666.7平方米定植2000株左右。当苗长至6片真叶，选阴天或晴天下午16～17时后定植，栽后立即浇定根水，定根水中可加入敌克松或多菌灵杀土壤病菌。

5. 田间管理

遮光降温：大棚顶膜上覆盖遮光率50%遮阳网进行遮光降温。

整枝：将主干上的侧枝全部整除，分叉以后一般不再整枝。

追肥：第一次追肥在定植成活后施催苗肥，每亩施尿素5千克；当植株进入盛果期时进行第二次追肥，小辣椒的结果盛期，需肥量较大，一般每15天施1次追肥，小辣椒追肥要掌握“少吃多餐”勤施薄施，亩施三元复合肥10千克加尿素5千克，防止植株早衰。

6. 病虫害防治

辣椒秋季大棚栽培的主要病害有病毒病；主要虫害有蚜虫、烟粉虱、棕榈蓟马、斜纹夜蛾等。病毒病由烟粉虱和蚜虫传毒引起，通过控制烟粉虱和蚜虫来防治。所以采用30目防虫网覆盖通风口防虫，可有效控制虫害和病毒病的发生。

7. 采收

辣椒采摘要在上午露水干后进行，连果柄摘下，要轻拿轻放，及时进行分级、包装，一般每亩产量在2000千克左右。

第二节 早春茄果类大棚早熟栽培——夏季小白菜避雨栽培—秋冬绿叶菜类大棚保温栽培模式

（一）模式安排表

茬口方式	种类	播种期 月/旬	定植期 月/旬	采收期 月/旬
春季早熟栽培	番茄、茄子、辣椒	前年10/下～11/中	1/下～2/中	4/上～7/上
夏季避雨栽培	小白菜	7/中～7/下	直播	播后28～32天
秋冬大棚保温栽培	芹菜、莴笋	8/中～9/中	9/中～10/下	12/上～翌年2/下

（二）大棚番茄春季早熟栽培要点

1. 品种选择

根据目标市场的需求，选择抗病、优质、丰产、耐贮运、商品性好的品种。春提早栽培应选择耐低温弱光，果实发育快的早熟品种。大红色果品种有：浙杂203、浙杂205、浙杂501、金棚3号；粉红色果品种有：浙粉202、浙粉701、金棚1号。

2. 播种育苗

营养土的配制：选用田土、草木灰和腐熟猪粪按6∶2∶2的比例配制，再加0.2%钙镁磷肥，要求堆放1个月以上；这里的田土应选择水稻田土或无病虫害的园土，猪粪必须是充分腐熟的。

采用大棚育苗，放置营养钵的苗床，应制成低于土面15～20厘米的槽式，有利于苗床的保温；将用清水浸种1～2小时种子放入55～60℃的温水中恒温浸种15分钟后播种。亩用种量为15克；播种后覆盖营养土，以盖没种子为度。当幼苗2～3片真叶展开时，移苗至营养钵中。

3. 苗期管理

出苗前应保持较高的床温，利于出苗整齐，床土5厘米处土温控制在25～30℃，苗床一般不通风，如小棚内气温超过35℃时，可进行短时间通风降温。冷空气来临时或遇低温雨雪天气，要对苗床进行加温。当30%左右出苗时，及时揭去地膜、稻草等覆盖物。小拱棚继续覆盖保温。齐苗后温度可适当降低，小拱棚薄膜要早揭晚盖，白天15～20℃，夜间10℃；当第一片真叶露尖时，温度管理又可适当提高3～5℃，但白天不宜超过30℃，夜间不宜超过20℃。特别是夜温超过20℃时易使秧苗徒长，形成长脚苗。

肥水管理：一般不需追肥，齐苗后要使床土“干干湿湿”，尽量减少浇水次数，即当床土表面干燥后，选用细孔洒水壶在晴天上午9～10时进行浇水，避免中午浇水；水温应与土温相近，傍晚不能浇水，浇水过多易使苗徒长。

光照管理：上午太阳出来棚内气温回升后，应及早揭去小拱棚的覆盖物（薄膜、草帘、无纺布等），使其充分光照，下午要适当延迟盖膜。

水分管理要“见干见湿”，即当苗土表面干燥发白时或秧苗叶片略有萎蔫时浇水，浇水时要浇透，这样可以减少苗期的浇水次数，以提高土温，促进秧苗生长。

当秧苗长大相互拥护时，要及时移稀秧苗，促进壮苗，当秧苗6～7片真叶展开时即可定植。在定植前7天开始要对秧苗进行适应性锻炼，以适应定植后的环境，增强抗逆性。定植前应追施一次肥水，使之在定植后能迅速恢复生长；喷一次保护性杀菌剂预防病害的发生，效果显著。

4. 定植

（1）整地作畦：棚内按畦宽连沟140～150厘米作畦，跨度为6米的标准大棚作畦4条。

（2）施足基肥：在畦中间开沟深施基肥，亩施腐熟栏肥3000

千克，复合肥40千克，过磷酸钙40千克

（3）地膜覆盖：棚内采用全地膜覆盖，有条件的可采用膜下滴灌栽培，在畦面中间铺一条软管滴灌带，再铺上地膜。

（4）定植方法与密度：畦面采用双行定植，根据品种类型不同，株距为28～40厘米，亩栽1800～3000株。定植选择晴天进行，定植后浇定根水。

5. 田间管理

（1）温度管理：早春栽培，定植后一周内以闷棚保温为主，白天25～28℃，晚上不低于15℃；缓苗后白天保持20～25℃。冬季要采用“三棚四膜”形式进行保温。

（2）整枝打杈：整枝操作必须选择晴天，植株上的露水干后进行，有利于伤口的愈合，防止病菌的感染；在植株生长旺盛期要求每5～7天整枝一次。在整枝的同时，将植株下部的老叶打掉，增加植株下部的通透性。采用单杆整枝，只保留1枝主枝，除去所有侧枝。

（3）保花保果：在番茄开花当天，用防落素25～40毫克/千克进行点花或喷花（用小喷雾器喷花比较省工）。在喷花操作时，一只手拿着喷雾器，另一只手用手指夹住花序，花序在手掌中间，防止药液喷到叶片及嫩梢上，引起药害。

（4）搭架、引蔓：无限生长型番茄品种可采用尼龙绳垂直牵引。

（5）疏果：大果形品种一般每穗留果3个，有限生长型品种以前期的三穗花坐果为主，每株留果15个左右，头穗果留2～3个，中穗果留3个，中果形品种每穗留果4个；及时疏去小果及劣果。

6. 采收

根据运输的远近确定采收标准，本地销售的等果实完熟后采收；销往外地的以果实基本着色但尚未完熟时采收较好。一般每

666.7平方米产量5000千克左右。

（三）夏季小白菜避雨栽培要点

1. 品种选择

夏秋季节栽培选用抗逆性强、耐高温的品种，如“早熟5号”、“四季翠”、“浙白6号”、“双耐”等小白菜品种，“早生华京”、“夏帝”、“华冠”、“华王”、“抗热605”等小青菜品种。

2. 栽培方式

小白菜可直播也可育苗移栽，一般春夏和早秋栽培的多采用直播。秋冬和早春栽培的，多采用育苗移栽。育苗移栽时每667平方米用种量100～150克，直播时每667平方米用种量为500～750克。

3. 季节安排

4～10月播种，直播，小白菜品种一般播后25～32天采收，每666.7平方米产量1500千克左右，小青菜品种一般播后45天左右上市，每666.7平方米产量2500千克左右。

4. 选地与整地

土壤肥沃、水利条件较好的地块。要求深沟高畦，以利排水，一般畦宽（连沟）1.5米，沟深30厘米以上，畦面细平，略呈弓背形。

5. 间苗或定植

夏秋季节栽培的以直播为主，直播的要间拔小苗，按一定株距留苗。小青菜品种一般行株距20厘米×15厘米，每667平方米种植20000～22000株。

6. 施肥与灌水

（1）施肥原则：充分发酵腐熟的有机肥料，在收获前15天左右停止使用氮肥，尤其是硝态氮肥，有效控制上市小白菜产品中硝酸盐含量。

（2）施肥用量

基肥：每666.7平方米基肥施用腐熟厩肥或堆肥1000～1500千克或饼肥50～100千克；每666.7平方米配合施入有机无机复合肥80千克，结合土壤深翻施入。

追肥：第一次在小白菜定苗10天左右追施一次，每666.7平方米推荐施用尿素5千克。第二次追肥在定苗后20～25天，每666.7平方米施用尿素10千克。尽量避免施用硝态氮肥，收获前15天左右停止施用任何形态的氮肥。

（3）灌水。使用符合无公害蔬菜生产要求的水源灌溉。灌水通常与施肥结合进行。如遇干旱，除加大追肥时用水量外，还要早晚灌水，充分满足小白菜对水分的需求。对遇台风暴雨和梅雨季节，要注意及时清沟排水。

7. 病虫害防治

小白菜主要病害有软腐病、霜霉病、白斑病等。主要虫害有小菜蛾、菜青虫、蚜虫、斜纹夜蛾、黄曲条跳甲等。采用22～25目防虫网覆盖栽培，可以有效阻止成虫进入产卵和幼虫进入直接为害，切断了害虫的传播途径，棚内种植小白菜，防虫效果十分明显。

软腐病：为细菌性病害，加强田间排水，在发病初期用80%必备500倍液、47%加瑞农600～800倍液、72%农用链霉素3000倍液喷雾防治。

霜霉病：在发病初期，主要针对叶背用72%杜邦克露700倍液、64%杀毒矾600倍液、58%雷米多尔600倍液喷雾。

小菜蛾、菜青虫：在菜青虫卵孵化盛期选用苏云金杆菌（Bt）可湿性粉剂1000倍液，或5%抑太保乳油1500～2500倍液喷雾。在低龄幼虫发生高峰期，选用1.8%阿维菌素3000～4000倍液喷雾。小菜蛾当虫量达到2～3头/株时用5%抑太保乳油，或用5%卡死克乳油1500倍，或用1.8%阿维菌素3000倍喷雾。以上药剂要轮换、交替使用。

斜纹夜蛾：于幼虫2~3龄幼虫盛期未分散前，用虫瘟一号（斜纹夜蛾多角体病毒）1000倍液、奥绿一号800倍液、5%抑太保和5%卡死克1000~1500倍液、15%安打悬浮剂3500倍液、10%除尽悬浮液1000~1500倍液或24%美满2000~3000倍液喷雾防治斜纹夜蛾。晴天傍晚用药，阴天可全天用药。

蚜虫：株受害率达10%以上时，用10%吡虫啉可湿性粉剂1000~2000倍液、20%康福多4000~6000倍液、70%艾美乐30000倍液、25%速扑灵1000~1500倍液等喷雾防治，6~7天喷1次，连喷2~3次，轮换交替使用。用药时可加入适量展着剂。

跳甲：4.5%高效氯氰菊酯1000~72000倍液或5.7%氟氯氰菊酯750~1500倍液或5%百事达3000倍液喷雾。

（四）秋冬莴笋大棚保温栽培要点

1. 品种选择

秋冬栽培莴笋应选择耐低温的丰产品种，目前生产上主要有紫红色品种和青皮品种，紫红色优良品种有："挂丝红"、"金铭1号"、"大绿洲"、"金龙挂丝红"；青色优良品种有："种都5号"、"竹叶青"、"三青皮"等。

2. 栽培季节

莴笋分批播种，分批采收。莴笋种子在5~28℃范围内，高温可以促进发芽，但超过30℃发芽受阻碍，高温季节播种应进行低温催芽处理。早秋气温较高，不能过早播种，否则易提前抽薹，致使茎秆细长，商品价值低。大棚栽培8月中旬至9月下旬播种，12月上旬至翌年2月采收。

3. 育苗

每667平方米用种量10~15克，秋季播种适当增加播种量。选择地势高燥、排水良好的地块作苗床，播前7~10天每10平方米施腐熟有机肥10千克或三元复合肥0.5千克，施入后深翻整平，覆膜待播。

秋季育苗：先晒种，然后将种子用纱布包扎好，浸于清水中 4~5 小时，让种子吸足水分，再晾干。将晾干后的种子放在冰箱保鲜层进行冷处理，一般 48 小时后种子即露白，当 1/3 的种子露白时即可播种。也可将晾干后的种子吊于水井内进行低温催芽。

播前进行苗床消毒，用多·福·福锌（绿亨 2 号）800 倍液浇透苗床再播种。一般上午播种，适当稀播，每 50 平方米播种子 50 克。播后用扫帚在畦面上扫一下，使种子与泥土混合，然后用草帘或遮阳网覆盖，若播种时土地过干，可在覆盖物上浇水，以尽量不使畦面板结为好。一般翌日傍晚即出苗，随即揭去覆盖物，改成小拱棚覆盖，以利于幼苗生长。晴天 9：00~16：00 时盖上覆盖物，其余时间揭开，阴天不盖，中到大雨全天覆盖。待幼苗真叶长出后进行间苗，三叶一心时及时分苗。分苗前一天在苗床内浇水，次日带土起苗。

4. 定植田施足基肥做畦

莴笋根系浅而密集，多分布在 20~30 厘米土层内，适宜在有机质丰富、排灌方便的沙壤土上种植。冬春季栽培，每 667 平方米施腐熟有机肥 3000 千克、进口三元复合肥 50 千克、硼砂 1 千克。深翻整平，做成畦宽连沟 1.0 米的高畦，覆盖透明地膜。

5. 及时定植

9 月上旬播种，苗龄 20 天，9 月中下旬播种，苗龄 25 天即可定植。遇高温天气选择阴天定植，晴天于傍晚定植，株距 20 厘米，行距 40 厘米；亩栽 6500 株左右。莴笋需肥需水量大，因此地势平坦、肥沃的田块应做到深沟高畦。

6. 田间管理

（1）秋季管理：秋季气温较高，一般利用遮阳网覆盖来降温和遮光，避免莴笋提早抽薹。秋莴笋高产的关键是水足肥多。高温干旱季节要进行灌水，但不可漫过畦面，要保持沟渠畅通，排灌便利。秋莴笋生长时间短，缓苗后要施 1 次提苗肥。当叶片由直立转向平展时，要结合浇水重施开盘肥，每 667 平方米施尿素 20～30 千克；在即将封行时，结合浇水穴施 30 千克尿素，或封行前在行间施进口复合肥 30 千克，同时中耕培土，促使植株扩大开展度。一般肥料越足，莴笋开展度越大，茎越粗。秋莴笋在干旱情况下易抽薹，肉质茎细，水肥不足或温度过高都会促进早期抽薹，宜淡肥勤施，早晚灌溉或采用滴灌，保持土壤水分，以促进茎叶生长。

（2）冬春季管理：植株缓苗后追施 1～2 次稀薄农家有机液肥，越冬前应注意炼苗，不宜肥水过勤，防止苗期生长过旺，要重施 1 次防寒肥水。翌年春及时清除杂草，浅中耕 1 次，追施进口三元复合肥，浓度由低到高。茎基开始膨大后，追肥次数减少，浓度降低。采用地膜覆盖和大棚栽培的，要施足基肥，注意通风管理。采用地膜覆盖栽培，基肥要一次性施足，并盖好地膜，雨天排水防渍。采用大棚和露地栽培，选择晴暖天气中耕 1～2 次，适时浇水追肥，前期勤浇施稀薄农家有机液肥，保持畦面湿润，每 667 平方米浇施尿素 15 千克 1～2 次。

（3）防止先期抽薹：莴笋在夏秋季节栽培正值高温长日照，并且雨水频繁，管理不善，极易引起先期抽薹和植株徒长，造成茎秆纤细。所以栽培时在选择耐热品种和较阴凉地形的基础上，在植株进入茎部膨大期时用稀效唑 5～10 毫克/千克喷雾2～3 次，可有效抑制茎部纵向生长，促进茎部横向发育，使茎部肥壮粗大，增加茎重。

7. 病虫害防治

苗期病害防治，于幼苗出土 7 天后，每隔 10～15 天喷施多·福·福锌（绿亨 2 号）、恶霉灵等。主要虫害有蚜虫、小地老虎、烟粉虱。

小地老虎防治，大龄幼虫可用 90% 敌百虫晶体 100 倍液喷在鲜菜叶上制成毒饵，傍晚撒于田间诱杀；低龄幼虫高峰期用 50% 辛硫磷乳油 1000 倍液，或用每 667 平方米用 2.5% 溴氰菊酯（敌杀死）乳油35毫升加水40千克，沿植株近地面喷雾防治。防治蚜虫可用10%吡虫啉可湿性粉剂1500倍液，或用1%印楝素·苦参碱（托盾）乳油1000倍液喷雾。防治烟粉虱可用10%烯啶虫胺可溶性液剂1500倍液、8.5%吡丙醚·甲维盐（劲锋）乳油600倍液、20%啶虫脒乳油2500倍液。

莴笋生长期对霜霉病、菌核病、茎腐病等的抗性不强，应采取综合防治措施。

霜霉病防治可采用高畦地膜栽培，合理密植和施肥，宜浇小水，并及时浅中耕，生长后期严禁大水漫灌，雨天大棚内注意防漏水，有条件可采用滴灌技术，大棚种植应加强通风，降低棚内湿度。防治药剂可选用80%烯酰吗啉可湿性粉剂5000倍液、72%霜脲·锰锌（克露）可湿性粉剂800倍液、70%丙森锌（安泰生）可湿性粉剂600~800倍液，于发病后，每隔7~10天喷雾1次，连续防治3~4次。

菌核病防治可采取水旱轮作，高畦栽培，适当控制氮肥施用量，增施磷钾肥。带土定植，提高盖膜质量，使膜紧贴地面，避免杂草滋生，将病菌阻断在膜下。及时摘除病叶或拔除病株深埋。做好清沟排水工作，防止雨后积水，忌大水漫灌；发病初期及时喷药，重点喷施植株基部，每隔7天左右喷1次，连喷2~3次。药剂可选50%腐霉利可湿性粉剂1000倍液、50%烟酰胺（凯泽）干悬浮剂1200倍液、50%异菌脲（扑海因）可湿性粉剂1000倍液、40%菌核净可湿性粉剂1000倍液等轮换使用。种子可用10%盐水消毒，除去浮上水面的菌核，然后将种子用清水洗净。

茎腐病的防治应保持田间良好通透性，降低田间湿度，适当增施磷钾肥，增强植株抗性。结合整地用福美双与适量细土拌匀后撒于畦面，每平方米施药5~8克，最后将药土与畦表土混匀消毒。田间发现病株应立即拔除并撒少量药土消毒。发病初期可喷施20%甲基立枯磷乳油1200倍液、5%井冈霉素水剂1500倍液、50%福美双可湿性粉剂800倍液。隔7~10天喷1次，连续喷2~3

次。

8. 采收

莴笋定植后 50～60 天，植株心叶与外叶的最高叶齐平，植株顶部平展，尚未现蕾，此时嫩茎已经充分膨大发育，品质也最好，应及时收获；收获过迟，茎部的营养消耗于抽薹生长，茎部皮层增厚，内腔空心，肉质茎老化，品质下降。收获方法是用刀贴地面切下，削平基部，削净根部，植株下部一半的叶片全部去掉，只留上部一半的嫩叶，捆扎好即可上市，一般每 667 平方米产量4000～5000 千克。

第九章　笋竹两用林高产栽培技术

浙江省林业科学院副研究员　何奇江

第一节　成林抚育

一、护笋养竹

护笋养竹是提高竹林密度和增加产量、提高经济效益的关键措施之一。应做到合理挖掘春笋、鞭笋和冬笋，及时挖退笋。挖鞭笋应在7~9月间进行，6月前和9月后应以养鞭和埋鞭为主。在冬季，冬笋是春笋的前身，挖掉冬笋能促进竹鞭上其他笋芽的萌发生长，挖冬笋要及时，挖后要覆土，或施肥后再覆土。挖春笋时间、留母竹数量、挖笋方法是调整竹林合理结构的重要措施，春笋采挖时要留养好母竹，留养时间一般以清明节前后10天左右的出笋盛期为好。

二、劈山松土

劈山每2年可进行1~2次，劈山时间在梅雨季节（6月），俗称“劈梅山”，或在白露前后（9月），称为“劈白露山”。劈山时要做到：树蔸留矮，柴草劈尽。竹林边缘的杂草、灌木也要劈净。松土既要求挖除杂草、灌木根系、老竹蔸、老鞭、死鞭，消除土中的大石块，同时又要防止损伤健壮的竹鞭和笋芽。为了防止水土流失，在平缓地（20°以下）的竹林可以全面松土；坡度较大（20°~35°）的竹林，可用等高带状松土，带宽及带间距离皆为3

米左右，隔年隔带轮流削山松土；坡陡（35°以上）的竹林则不宜松土。松土季节以梅雨后的7月中下旬为最好，其次是11～12月份，前者称铲伏山，后者称挖冬山。在一年松土一次的地区，在7月份全面松土一次，深15厘米左右，到次年冬季深翻一次，竹林边缘3米左右宽的地方也应松土，以便新鞭蔓延，扩大竹林面积。

三、合理砍伐

在笋用竹中应砍伐4度以上的老竹，并保持竹林的立竹量在每亩150～200株。实行隔年作业的毛竹林，每2年采伐1次，一般在出笋期当年的秋冬季至翌年初春进行。集约经营高产毛竹林的立竹量要求为每亩180～250株，而且要求均匀分布。毛竹林年龄组成最好是3度，每度立竹各占1/3左右。采伐时应根据竹林的立竹量确定伐竹数量，综合竹林的分布状况、生长状况和病虫害情况等，按度采伐，适当增减，并做到砍老留幼，砍小留大，砍密留稀，砍弱留壮，还应保留空膛竹和林缘竹。至于畸形、弯曲、有病虫害的竹株，即使年龄不到也应及时砍伐。

四、钩梢技术

合理钩梢可以防止雪压、风倒，使竹干通直，另外，竹梢可以加工成毛料和扫帚柄，增加收益，但在风雪为害少的地方的毛竹林也可以不要钩梢。毛竹林钩梢应在秋分至小雪（9月下旬～12月）进行，过早，枝梢嫩，毛料质量差；过迟，不能达到防风雪的目的。在台风经常袭击的地区和海拔较高的地方，钩梢可适当早些。钩梢强度按竹林生长情况而定，密而高大的竹林可多钩些，稀而矮小的竹林应少钩些。一般不要超过竹冠全长的1/3，每株留枝一般在15～20盘。钩梢一般用接在9～12米长竹竿上的钩梢刀。钩梢时，人站在上坡，把刀口搁在要钩的竹梢上，钩住竹梢后缓缓下拉再猛放松，等竹梢弹回原位时，突然用力猛拉，即可钩断梢部。

第二节　春笋丰产技术

春笋是毛竹的主要产品之一，其生产期短，产量高，在毛竹林的经济效益中占有一定的比例，所以在毛竹笋用林栽培中春笋的丰产栽培技术是不可忽视的。春笋的高产与竹林结构、土壤情况、施肥量、降水量、温度等有密切的关系，为了使毛竹林春笋高产，必须做好以下几方面的工作。

一、竹林结构调整

春笋丰产的毛竹笋用林以保持每亩 200 株左右的立竹量为佳。一般培育管理的笋用林立竹密度以 150 株左右为宜，以挖冬笋、鞭笋为主的笋山，立竹量可稍大一些。一般来说，立竹的胸径以 7 ~ 10 厘米为佳。留养母竹与删伐更新是调整竹林结构的主要措施，一般培育管理的笋用林，立竹密度在每亩 150 株左右，那么每度需留养新母竹 50 株左右；高产竹林或既挖春笋也挖冬笋和鞭笋的集约经营的笋山，每亩保持 180 株左右的立竹密度，每度留养新母竹 50 ~ 70 株，每年相应地砍伐同样数量的 3 度以上的老龄竹。通常留养母竹宜在出笋盛期选留，因为盛期所发笋的竹最为健壮，养成的母竹质量好。首先要选留大而无病虫害的壮笋，其次要注意留养分布疏密均匀，以便提高立竹分布的均匀度。新竹长成后最好在竹干上用竹油做好竹龄的记号，以便在伐竹时识别。

二、施肥技术

1. 肥料的搭配与选择

竹子生长对氮、磷、钾需要量的比例大致为 5 : 4 : 3。在毛竹笋用林施肥中，有机肥料如厩肥、堆肥和绿肥是维持土壤肥力最好的肥料，为了改良土壤，提高土壤肥力，必须施用有机肥料。不管是土壤质地疏松的还是黏重的，都要以有机肥料为主，如果以化学肥料为主，时间久了会使土壤物理性质恶化，土壤板结而硬化，通气不良，肥力下降。近几年来研制的竹笋专用肥和生物肥料都可以在毛竹笋用林中运用，竹笋专用肥是根据竹林的需肥规律而研制的肥料，对竹林的高产和可持续发展有很大的作用。生物肥料具有其他肥料的综合优点，其时效长，不会引起土壤板结，在竹林也已开始运用，增产效果比较明显。

2. 施肥量

在竹林施肥前，最好做一下土壤养分分析，才能做到心中有数，不要认为在竹林施肥中只要施肥越多笋产量就越高，有些肥料若在土壤中已过剩，则再施此肥不但不会高产，而且还会引起竹笋品质下降，也浪费了肥料。为了达到高产，一般每年每亩竹林可施尿素20～50千克，施过磷酸钙（含磷20%）10～20千克。另外可再施一些厩肥、堆肥等。在施肥量确定后多施有机肥是有益的。

3. 施肥时间

笋用毛竹林通常按生长季节施肥，早春2月施速效性肥，以促进竹笋的早发和生长，群众称长笋肥；初夏（5月）不仅收获了大量的竹笋，还因留养母竹，新竹抽枝展叶，土壤养分消耗很多。为了恢复竹林生机，并为下一阶段竹鞭延伸生长做准备，可在梅雨前结合林地垦复，将肥料埋入林地中，打好底肥，促使竹鞭生长，群众称发鞭肥；秋季（9～10月）笋芽开始分化，可在夏末秋初将肥料撒于林地，在埋鞭时翻入土中，群众称发芽肥，冬季（11～12月）可结合挖冬笋时施肥，群众称发笋肥，施冬肥是为次年生长发笋贮藏所需养分。根据竹笋的收获量，冬笋占11%～15%，春笋占50%～66%，鞭笋占25%～35%，各个时期的施肥量冬季占总施肥量的30%，以有机肥为主，化肥适量；早春占20%，以速效氮肥为主；挖笋后期在初夏施30%，有机肥和速效迟效肥兼用，以补充后期笋生长的养分。紧接着便是鞭笋收获期，笋期长达130余天，所以肥效要长；夏末秋初施20%，以磷、氮肥为主，促进笋芽分化，为多发笋打基础。

4. 施肥方法

施用迟效性有机肥料，可在冬季竹林松土前撒于林地上，松土时将肥料翻入土内；或在已松土的林地上，开沟或挖穴埋入肥料。绿肥、嫩杂草肥，可在6~8月间，直接铺于已削山的林地上称为埋青；或将绿肥、杂草肥埋入沟内称为开沟埋青；或埋青后上盖3~6厘米土称为培土埋青。施用速效性肥料的方法：①在林地开沟或挖穴施入。②用水稀释肥料，浇灌竹笋或幼竹。③削山松土前将肥料撒于林地，削山松土时翻入土内。④在有喷灌或滴灌条件的情况下，也可将肥料溶入水中，随灌溉水一起施入植物或土壤中。根外追肥具有吸收快，用量少的优点。应用的较少。⑤竹蔸施肥：即将前一年冬天采伐的竹蔸，用钢钎将竹隔打通，将化肥施入竹蔸中，然后盖上土。竹蔸也会因此很快分解腐烂，增加肥力。竹蔸施肥方法简便，且增产效果很好，特别用在远山、未能垦复的陡坡的毛竹林。⑥母竹根部施肥：即在竹林的每株毛竹根部的上方土壤挖一半月形沟，深度20~30厘米，施肥肥料后用土覆盖。施肥要尽量深施，以免浮鞭现象的发生。

三、竹林培土

培土是笋用竹林经营的一大特点，培土后土壤疏松深厚，可以保持竹笋的鲜嫩，延长竹笋在地下生长的时间，增加竹笋的粗生长和高生长，从而提高单位面积产量。每年1次性培土厚度不宜超过10厘米，一般培土约5厘米。培土可结合施肥进行，尤其是施用有机肥后，培土覆盖，能促进肥料分解和防止肥料的流失。培土的土最好就近取材，可利用竹林周围的土，也可利用竹林低洼地区挖沟时的土，这样既减少了用工，又有利于竹林发展。值得注意的是如果春笋的主要目的是为了加工清汁笋，则不应培土或少培土，因为培土后春笋单株重增加且笋体变长，不利于加工。

四、竹鞭处理

竹鞭在土层中的分布主要集中在10~40厘米范围内，约占整个鞭系的90%。随着鞭龄的增大，竹鞭上的壮芽比例逐渐减少，弱芽增多，壮芽在2~4龄鞭上为最多，由于笋用竹林土壤疏松，施肥量大，竹鞭若不作适当处理，将会出现两种情况，一是竹鞭生长旺盛，形成大量的长鞭段，有效发笋鞭段比例不大；二是竹鞭受趋肥性影响，大部分竹鞭分布在土壤表层，不能深入土中，针对上述情况，必须控制竹鞭延伸生长，调整竹鞭的分布，使地下鞭根系统分布合理。

1. 断鞭

断鞭的时间要根据竹鞭生长规律来决定，一般在7~9月份断鞭以后还能抽鞭，因此可在这段时间进行。10月份以后断鞭不易再抽发新鞭，所以断鞭措施即宜停止。断鞭措施可通过挖鞭笋来实现。在新老鞭比例适中的情况下，粗壮鞭要短，细弱鞭要长，因为粗壮鞭断鞭长，所留部分短，造成发笋鞭段减少，反而促使壮鞭生长旺盛；弱鞭断鞭短，新鞭长势太弱，无法形成强壮的发笋鞭，只有壮鞭短断、弱鞭长断，才能形成良好的发笋鞭段。

2. 埋鞭

对于跳鞭要进行埋鞭，深度一般以30~35厘米为最佳，过深作业困难，过浅则效果较差。埋鞭时可先掘深40厘米、宽30厘米的沟，将鞭置于其中，鞭梢向下，若挖沟时发现有上一年的老鞭，则新鞭应放在老鞭之下，使其深入土中，鞭放好后先覆土8~10厘米，然后踏紧，适量施肥后将挖起的深土覆盖于上，耙平即可。以后，如发现伸长后又现于地表者，应及时再行埋入，通常一条鞭要埋3次以上。

五、削山垦复

每年的7~9月在竹林中浅削约10~15厘米的土层。铲除灌木、杂草，削山应每年一次。冬季深翻约 20 ~ 30 厘米，除去土中大石块，挖除灌木根、树桩、老竹蔸、老竹鞭，称为松土或垦复。垦复可根据当地实际情况，每 1 ~ 2 年 1 次。大小年竹林，垦复应在出笋成竹后的冬季进行，因为这时竹鞭上的笋芽很少发育，不易受损伤；而花年竹林，垦复时应注意保护活鞭和已发育的笋芽（冬笋）。在竹林边缘 3 米左右宽的地方，也应削山垦复，以便促进新鞭蔓延，扩大竹林面积。

六、春笋挖掘

首先要确定选留竹笋的最适宜时间和留笋养竹数量，一般以选留出笋盛期为好，以清明前后 10 天左右为盛期高峰。因此，为了提高笋的总产量，应留养盛期笋，并要及时挖取早期笋和晚期笋。挖笋时一要及时，二要注意质量和重量，一般以出土后笋高 15 ~ 20 厘米时挖取最好，此时笋质优笋体重，如果以鲜吃为主，可以适当前提挖取。春笋挖取要适时适量，挖笋时还要注意将竹笋整体挖取，以提高竹笋重量和利用率，并注意切勿伤断竹鞭。还可以结合边挖春笋边施肥，即挖取春笋后就在笋穴中先放一把土再放一把化肥，避免化肥直接接触到竹鞭，以免竹鞭腐烂。应提倡科学施肥，科学合理地留笋养竹，及时疏笋，这样即可留好笋，养好竹，又增加竹农的经济收入。理想的疏笋效果是通过合理的疏笋技术达到的，应做到适时、适度和适对象，疏早、疏好、疏少，科学疏笋，合理留养，以达到增加成竹粗度、产量、疏笋量、经济收入、结构调整、营养分配的综合目的。疏笋对象是病虫笋、路边笋、并生笋、跳鞭笋、过密笋、小笋和歪笋等，保留优质粗壮笋。疏笋时间因地因气候条件而异，常有 5 ~ 10 天差异。一般在清明、谷雨之间留养母竹最佳，即挖去过早春头笋，择优保留头批笋，重点保留二批笋，择优保留三、四批笋。疏笋强度和次数也因气候条件和经营目的而定，特大年可强度疏笋，培育丰产笋用林的可中度疏笋。疏笋次数宜多不宜少，应经常疏、及时疏、疏早、疏小。

七、竹材采伐

1. 采伐季节

对大小年分明的竹林，一般是两年采伐一次，即在大年出笋后的当年立冬至第二年的立春之间砍伐。碰到特殊情况，也应在大年的秋分后开始采伐，到第二年春分前结束。花年竹林虽可以每年采伐，但只能在竹林中采伐竹叶已发暗发黄即将落叶的竹株，因为这些竹株已在春季发笋成竹后进入小年。

2. 采伐年龄

合理留养和砍伐，应留养1~3度竹（即1~5年生），砍伐4度及其以上或部分3度竹子，留竹年龄最大不超过9年，留养数量以立竹保持砍伐后150~200株/亩为宜。

3. 采伐方法

砍伐是在竹株靠地面处下刀伐倒，挖去竹蔸，或将竹蔸打洞，促其腐烂，后削枝、断梢。砍伐时都要在基部伐开切口，用手往上推倒，以免伤人或压坏立竹。

八、春笋早出丰产技术

近几年来，早期毛竹春笋的价格高，市场上早期冬笋售价达到10~15元/千克。通过早出高产培育，可以使毛竹出笋期提早近2个月，在春节前，大雪纷飞的冬天，人们就能尝到美味的毛竹春笋。毛竹早出高产培育，不仅克服了冬天原冬笋难挖的缺点，而且极大地提高了毛竹栽培的经济效益，丰富了市场优质笋。冬季毛竹笋在地下生长极为缓慢，毛竹笋从笋芽分化到出土，在地下渡过了半年多时间。冬季低温少雨是影响毛竹出笋的主要原因。采取早出高产技术，冬季进行保湿增温处理，提高土壤温度，满足毛竹笋生长温度的需要；并进行浇水灌溉，满足毛竹笋生长水分的需要；进行施肥，满足毛竹笋生长养分的需要，就可以使毛竹提早出笋。因此，温度、水分、养分是毛竹早出高产的三大主要因子。

（1）竹林结构调整：立竹量应在180～200株/亩，要求粗度基本一致，分布均匀。留养母竹与删伐更新是调整竹林结构的主要措施，每度留养新母竹50～70株，每年相应地砍伐同样数量的3度以上的老龄竹，使每度竹各占1/3或1度竹35%，2度竹35%，3度竹30%。

（2）施肥深翻：应根据不同肥料的特性、培育目标来确定竹林生长所需的养分及土壤中养分的含量，使施肥做到合理科学。氮、磷、钾的比例可以采用5∶1∶2，化肥与有机配合使用，1年分4次施肥。第1次施肥在5月底6月初，施尿素40～50千克/亩，厩肥800～1200千克/亩，先撒于地表，然后结合松土，深翻入土中；第2次施肥在8月底9月初，施复合肥60千克/亩，先撒于地表，再进行浇水。宜施低浓度液体肥料，固体化肥冲水进行浇施，既降低干旱程度，又便于竹林充分吸收，促进竹林提早笋芽分化。第3次施肥在10月底11月初，与覆盖保温同时进行，施厩肥1000～2000千克/亩，浅翻入土中，以有机肥为主，保持土壤疏松湿润，提高地温，促进笋芽膨大生长，为早出高产打基础。第4次施肥在挖笋期间进行，每笋穴施尿素250克。

（3）覆盖：覆盖时间一般为10月中下旬，覆盖前对林地进行灌溉，至浇透为止。覆盖材料分别为稻草（下层）、竹叶（中间）和砻糠（上层），覆盖厚度一般为稻草10厘米，竹叶10厘米，砻糠20厘米，每亩材料用量为稻草2500千克，竹叶200包（蛇皮袋），砻糠350包（蛇皮袋）。翌年2月底3月初把覆盖物移至林地外。

（4）挖笋：覆盖后45天左右，开始出笋，这时可以进行采收。人在覆盖物上走过，如发现脚下有硬的感觉就可拨开覆盖物，挖出竹笋，施入尿素，然后将土回盖原处，再将覆盖物盖好，使土层继续保持一定的温度。应注意及时进行采收，初期可隔几天挖一次，并逐渐缩短间隔时间。一般不留覆盖笋。

（5）初步定位毛竹林连续覆盖三年，三年后休息一年留笋养竹。

第三节　鞭笋丰产技术

近年来春笋价格连年下滑，然而由于夏季市场蔬菜品种比较单一，鞭笋的价格逐年上升，鞭笋的价格一般为春笋的 3 倍左右，因此发展鞭笋生产，提高鞭笋产量，能充实市场供应，丰富城镇居民的菜篮子，并且还能增加竹林经济效益，所以竹农对鞭笋的丰产技术产生了极大的热情。

一、竹林结构调整

为了使毛竹笋用林鞭笋丰产，必须要有一定的立竹量，一般为每亩 180 株左右立竹，并且粗度基本一致，分布均匀。为了达到这一要求，应在春季留笋养竹期间特别注意。根据调查资料母竹密度是密比稀好，母竹的眉围粗比细好，母竹的年龄轻比老好。因为只有土深才能鞭大，鞭大才能出大笋，大笋才能养大竹；反过来，大竹也能促使发大鞭，相辅相成。

二、竹鞭处理

合理适时的挖掘鞭笋，能调节竹鞭地下分布，营造丰产的地下结构，推动竹鞭总量生长，同时鞭笋的高产也需要通过竹鞭的调整来实现。改造竹林竹鞭的方法，是在冬季进行全垦深翻土壤，其深度需在 30 厘米以上，以便将老鞭挖除。一般挖除 6 年生以上老鞭，这此老鞭一般都呈褐色或黑色，另外，一些细弱竹鞭也要挖除。老鞭挖除后，要进行施肥，以利于新鞭的迅速生长，并可使竹鞭粗壮，如果不施肥，则竹鞭更新速度减缓，不能形成强壮的竹鞭系统，鞭笋产量就不会很高。培土也十分重要、由于挖除大量的老鞭，会使立竹受台风影响而翻倒，培土有利于立竹抗倒伏或倾斜。

挖除老鞭宜大胆进行，只有加大改造的力度，才能获得良好的更新效果。

三、深翻松土

在12月初至翌年1月初，结合挖冬笋进行全面深翻，深度一般为30～40厘米，如遇老鞭（发黑、无芽）、弱鞭、细鞭、竹蔸及树根都应除去，把粗壮的浅鞭埋入土中，注意不要伤鞭损芽。另外鞭根在土壤生长中是进行有氧呼吸的，缺氧鞭就发黑，竹鞭因需氧气而在土中上下起伏行走，在疏松的土壤中，竹鞭深度普遍下降10～15厘米，鞭深达到40～45厘米。由于竹鞭深度增加，使竹笋在土中生长时间延长，这样鞭根吸收水分、养分的能力增强，贮藏养分就增多，挖掘鞭笋后，发鞭数量显著增加，从而获得增产。

四、施肥技术

施肥是笋用林增产的关键，根据毛竹的行鞭、孕笋、出笋、长叶、抽枝展叶、秆形生长对养分不同要求而合理施肥。如发笋、长叶、换叶期应多施氮肥，行鞭、孕笋期应多施钾肥等。施肥应以有机肥为主，有机肥和化肥配合使用，这样既可促进有机肥分解，增加土壤腐殖质，又可减少化肥损失。按照笋用林施肥要求，春施催笋肥，夏施换叶肥，夏秋施行鞭肥，冬施孕笋肥的基础上，在鞭笋挖掘季节（6月中旬至10月上旬），应该施“发鞭肥”三次，第一次是在6月中旬，每亩施入氮、磷、钾复合肥50千克，开沟施入土中。第二次是在7月上旬，每亩施人粪尿2500千克，加水1倍，泼浇林地。第三次是在8月底，每亩施入复合肥或竹笋专用肥50千克，有利于发鞭和营养积累。要使竹林鞭笋达到高产，必须要施足肥、施好肥。

五、鞭笋挖掘

在大小年分明的毛竹林里，大年出笋多，鞭梢生长量小，小年出笋少，鞭梢生长量大。挖掘鞭笋后，竹鞭两旁侧芽萌发成新鞭，一般3支以上，养分充足的林地多至十几条。鞭笋挖掘时间是6月中旬至10月上旬，而6月下旬至7月中旬是鞭笋产量高峰期，雨水充足，气温高，鞭的生长速度快，月生长量达140厘米以上，整个生长季节一般可达3～4米。挖鞭笋期间，一般隔天进行，若遇雨天，见不到林地裂隙，可延迟1～2天挖，挖鞭笋时间长达4个月。鞭笋的挖掘季节只要在竹林里找到了地表有一裂隙就可用锄头往下挖，一般在裂隙的两边往下挖，这样可以避免伤鞭笋。发现鞭笋后，扒开鞭笋两侧的土，用锄头断鞭后取出即可，切不可劈裂竹鞭。

六、专产鞭笋竹林培育技术

为了使竹林专产鞭笋，必须有特殊的技术处理。在冬季松土后竹林内每隔3～5米纵横开沟，沟深为30～50厘米，宽为50厘米左右，清除沟内老鞭、石块，施入有机肥料如厩肥、稻草、杂草后覆土。次年夏秋就可拨开沟内有机物，可以看到许多鞭笋，可用锄头挖掘，也可用剪刀剪取，取出鞭笋后用土填好，隔2～3个星期，又可挖鞭笋，若遇到干旱，则要在沟内浇灌水，这样有利于鞭笋的萌发。挖鞭笋时应做到“浅鞭挖、深鞭留；细鞭挖、粗鞭留”。由于鞭笋生长的顶端优势很强，挖掘鞭笋、截取鞭梢后，在截断附近的侧芽很快就萌发分化，长出一条至数条支鞭，留下的部分侧芽，则成为冬笋或春笋的芽苞。如果土壤疏松，肥力、水分充足，鞭笋越掘新鞭越多，促进鞭多、芽多、笋多。因此掌握好方法适当挖取鞭笋，不仅增加了经济收入，也促进了笋芽的萌发。挖鞭笋的竹林均应集约经营进行施肥、松土，一般经营水平的笋用林不可挖鞭笋，否则会破坏鞭段。为了竹林的可持续发展，专挖鞭笋的竹林最好间隔2～3年后再采取上述措施。

第四节 冬笋丰产技术

随着市场经济和竹笋产业的发展，人们也逐渐认识，冬笋不仅是一种优质商品，而且适当挖掘并不影响竹林生产。近年来，由于冬笋价格逐年上升，且各地对竹林挖掘冬笋政策都已基本放开，竹农对冬笋的丰产栽培技术越来越需求，我们对毛竹笋用林的冬笋丰产栽培技术进行了总结。

一、竹林结构调整

要使毛竹笋用林的冬笋产量达到高产，必须要有合理的竹林结构。低产林、竹林结构不合理或立地较差的竹林则不宜挖冬笋。一般高产冬笋的竹林立竹量应在180~220株立竹，要求粗度基本一致，分布均匀。在春季出笋盛期一定要做好母竹的留养。为了达到这一要求，应在春季留笋养竹期间特别注意，要留空堂竹、留大径竹。

二、深翻松土

每年可结合冬季挖冬笋进行深翻，也可结合施有机肥时深翻，翻土深度20~30厘米，但不要伤到竹鞭，深翻后使竹林地成为“海绵状”。翻土时要做好清除老竹蔸、老竹鞭和石头等，并做好断鞭和埋鞭工作，对于浅鞭一定要深埋，可用锄头在竹鞭附近挖一深40厘米、宽30厘米的沟，然后把鞭埋入后再用脚把土踏实。若挖沟时发现有一老鞭，应把新鞭埋在老鞭以下。

三、施肥技术

每年可分4次往竹林施入猪栏肥、人粪尿、化肥共2000千克。第一次可结合挖冬笋在林地撒好猪栏肥等有机肥，边挖冬笋、边深翻、边把猪栏肥埋在竹鞭附近，既可保暖，又能使竹鞭附近的土地疏松，有利于新鞭的生长。同时，挖取冬笋后，在每株母竹根部施上0.5千克人粪尿。第二次可结合挖春笋往采笋孔内施入腐熟的猪栏肥、化肥，以及时补充竹笋、新竹生长所需要的大量养分。第三次可结合挖鞭笋往林地施猪栏肥或人粪尿，既促使母竹复壮，又诱发新鞭生长和笋芽的分化，笋芽的提前分化、膨大，有利于冬笋产量的增加。第四次可在秋末冬初在竹林地上撒施有机肥，有利于提高地表温度，促进冬笋的早出与高产。

四、林地灌溉

夏秋季林地水分蒸发量大，也正是竹笋孕笋季节，但此时降水量较少，若久晴不雨、气候干燥，好的笋芽膨大则受到抑制，冬笋笋体小、产量低。为此，在母竹竹秆基部上方0.3米处挖穴，每株母竹浇入稀薄人粪尿或加水淡化肥0.5千克左右，浇水后盖上青草，起到抗旱保湿作用，又补充肥力，致使孕育更多、更大、更好的竹笋。若有条件的地方可采用整个林地进行灌溉，根据竹林的实际情况分别采用自然引水和动力引水2种方式进行灌溉，如果竹林位山脚，且山上有较多的山水，可在竹林上部建立一蓄水池，蓄水池一般比竹林高出30米，然后通过管道进行喷灌。如果竹林周围山上没有较多的水源，而在比竹林地势低的地方有河流、水库等水源，就可以考虑应用动力水技术，选择山岗、山岭处建池，大小视面积而定。喷头至蓄水池的落差高度要达30米以上。每亩安装固定喷头2个，蓄水池用砖砌，如果土池，每5亩竹山立一个喷头，人工移动喷灌（五天一轮）。竹林喷灌要掌握的最关键技术是灌溉时间和灌溉水量。毛竹林引水节水灌溉应在大年期秋冬季节天气干旱的条件下进行，毛竹生长缺水最敏感，对产量影响最大的时期进行滴、喷灌水分，效果最明显，增产幅度最大。一般如果7~10天干旱少雨就应进行喷灌作业。喷灌水量以地表以下30厘米土壤湿润为宜。

五、冬笋有无的判断

毛竹冬笋的产量、笋形大小、着生状况等主要与节令天气、竹林立地及竹林状况关系密切。

1. 节令天气

冬笋采挖的最佳季节为冬季，即 11 月到翌年 1 月时间内；其间时间越晚笋体越大，数量也多。根据竹笋生长规律、市场要求和春笋养竹需要，一般竹区采挖冬笋从元旦前开始到春节结束为宜，因为此时的价格往往较高。秋季雨水均匀充足，昼夜温差较大，对笋芽萌发生长非常有利。入冬后降雨适度，天气温暖，不仅适宜竹笋生长，而且土壤潮润，采挖冬笋时比较省力。相反，秋冬干旱少雨，入冬后天气寒冷的年份，冬笋产量必然不高，而且土壤干硬不易挖掘，此时阴坡潮润的山块相对来说竹笋较多，并且容易挖掘。

2. 山林立地

向阳山坡温暖背风，适宜冬笋生长，但易干旱，尤其中上坡一般比较干旱。向阴山坡虽然寒冷多风，不利冬笋生长，但较湿润，在干旱年份其下坡山凹反而能够采挖到较多冬笋，陡坡上坡土壤薄硬贫瘠，不利竹笋生长。而且容易水土流失，因此大多不去采挖。相反下坡缓坡土壤松厚肥沃，冬笋必然肥多，是采挖冬笋的好地方。土壤深厚肥沃必然多笋，相反竹笋必少。此外石砾土、板结土都不利于长笋挖笋，而沙壤土、香灰土等均有利于长笋挖笋。

3. 经营状况

材用竹林多鞭杂土硬，冬笋较少，较难采挖。笋用山立竹适宜，竹鞭壮硕，土壤松软，较易采挖。防护竹林不宜采挖冬笋。刚经深垦改造的竹林竹笋较少，较难采挖。化学除草、施肥充足的竹林笋量较多，也容易地表观察，较易挖笋。荒芜残次林采挖冬笋最不理想。已经经过滥挖的竹林很难采挖，未经采挖而不滥挖的竹林易于采挖。

4. 竹林状况

竹叶颜色。叶色疏黄的竹子正处于冬笋小年或生长不良状态，一般孕笋较少的。叶色嫩绿、叶片较薄的竹子孕笋也不会多。叶色浓绿发暗、富有光泽，又着生有零星少量金黄色叶片的竹子孕笋一般较多。

竹龄大小。一度竹发笋量不多，但发笋点靠近孕笋竹，竹笋形态也较差。二三度竹已成壮年，不仅发笋量多而且竹笋形态也较好。四度以上的竹子发笋量减少。如果与二三度竹连鞭而生，发笋量必然大增。

竹鞭状况。带有残箨、质地不硬、笋芽紧闭的竹鞭年龄尚小，一般不会发笋。颜色已是暗褐色、鞭芽腐烂的竹鞭已经衰老，一般也没有竹笋。颜色呈金黄色、粗壮有力、根须健壮、笋芽饱满，穿尖上翘的竹鞭为孕笋鞭，采掘得法多有收获。

六、冬笋挖掘

冬笋挖掘俗称有打潭挖、开山挖和寻鞭挖。打潭挖即根据竹林竹鞭和立地条件状况在林地内寻找着笋点进行采挖，经验丰富的高手命中率较高。这种采挖方法省力省时，效率较高，对竹林及林地影响较小，但难度很大，一般人很难把握。开山挖（并非指笋用林冬季深翻结合采笋的方法）是对采挖技术差，采挖时或漫山乱挖，或呈片状开垦挖笋的形容，寻鞭挖被大部分人所采用。还有一种是寻鞭挖，就是沿着孕笋鞭探挖竹笋，顺着竹鞭延伸的路线将竹鞭上部的土壤全部刨去，边刨边以小手斧（一侧为刃，以砍取竹笋，另一侧为勾锥，既可探笋，又可挖土取笋）搜笋。

第十章 雪梨高产高效栽培技术

浙江省林业科学研究院研究员 施泽彬

品种是经人类培育选择创造的、经济性状及农业生物学特性符合生产的、遗传上相对相似的植物群体。而优良品种必须具有综合的优良性状，能满足农业生产需要，由于人类的需求不断变化与提高，所以不可能有十全十美的品种。随着育种技术的进步与品种改良的深入，品种的特性越来越接近我们的预期目标。

农业生产中讲究“良种良法”，品种选择正确与否对栽培生产经济效益高低有着决定性的作用。梨是多年生果树，栽植后3～4年后进入盛产期，一经种植就不宜进行移栽或品种更换，因此，栽植前选择适合的品种与品系就成为发展梨生产时必须慎重考虑的问题。种植者必须根据所处地的生态环境与栽培条件、市场需求及自身的栽培技术水平选择梨品种或品种类型。以下简单介绍目前浙江省的主要栽培品种的特点，供品种选择时参考。

第一节 适宜南方栽培的品种

1. 翠冠

系浙江省农业科学院园艺研究所与杭州市果树研究所协作，用幸水 ×（新世纪 ×杭青）选育而成。该品种果实近圆形，平均果重230克，大果重800克以上。果皮较光滑，底色绿色，皮色似新世纪，果肩部果点稀而果顶部较密且小，萼片脱落。果肉白色，肉质细嫩且脆，可溶性固形物 12% 左右，是砂梨系统中品质极优的品种。杭州地区初花期在 3 月底至 4 月初，果实生育期 105 ~ 115 天，7 月底成熟，适时采收是保证其品质的关键，充分成熟的果实品质反而下降，果实需进行较远距离运输销售时需适当早采。花芽形成中等，坐果率高。该品种具有成熟早、果型大、品质极优等特点，但生长势旺，徒长枝也易形成花芽，幼树修剪避免短截，以拉枝为主。

2. 黄花

系原浙江农业大学园艺系采用黄蜜与早三花杂交选育而成。树势强健，树姿开张，新梢嫩叶略带红色。花芽极易形成，当年生徒长枝也易形成花芽，花芽长且顶尖部稍松散，易辨别。花蕾顶部粉红色，花量大，成年树丰产性好，抗逆性较强，耐粗放管理。果实圆锥形，果顶有凸起，单果重 250 克左右，大果可达 900 克以上，属大果形品种。果肉白色，味甜、汁多，可溶性固形物 12% ~ 13%，充分成熟果实品质上等。杭州地区 8 月中下旬成熟，属中晚熟品种，较耐贮藏。该品种果形不正，成熟期较晚，在浙江省沿海地区易受台风危害。

3. 清香

系浙江省农业科学院园艺研究所与杭州市果树研究所协作用新世纪 ×三花梨选育而成，浙江省栽培面积大约在 2 万亩左右。树势中等，成熟枝梢浅褐色。叶片稀疏而小，在生长期容易辨认。花芽短，极易形成，花期略早于黄花、翠冠，着果性能好。果实长圆形，果型极大，单果重在 280 克以上，大果重可达 1000 克。果皮褐色，果点较大，套双层遮光袋后，果皮呈黄褐色，有光泽，外观改善明显。果肉白色，味甜、汁多，可溶性固形物 12% ~ 14%，其显著特点是果心极小，可食率非常高。杭州地区 8 月上中旬成熟。该品种发枝力弱，轻修剪会导致树体早衰，栽培上要加强肥水管理，适当加重修剪量，控制留果量，可连年丰产。

4. 脆绿

系浙江省农业科学院园艺研究所用杭青×新世纪选育而成，主要分布在余姚、慈溪一带，其他地区主要作为翠冠的授粉品种，由于其花粉量少，近年来已不作为授粉品种搭配种植。树姿较直立，花芽极易形成。果皮黄绿色，无果锈，果形端正，单果重200克以上，大果重420克，品质好，果实较耐贮藏。杭州地区7月底8月初成熟，主要的授粉品种有翠冠、清香等。加强修剪，控制产量可以防止树体早衰。

5. 玉冠

系浙江省农业科学院园艺研究所以筑水为母本，黄花为父本杂交选育而成的砂梨新品种。该品种树姿较直立，树势强健，花芽极易形成。果实近圆形，果皮浅褐色，果实大小均匀，单果重300克以上，果点中、较密，无果锈，萼片宿存，个别脱落。果肉白色，肉质松脆，味甜、汁多，可溶性固形物12%以上，品质优于黄花和清香。杭州地区8月中旬成熟，果实生育期130天左右。结果性能很好，丰产。

6. 初夏绿

系浙江省农业科学院园艺研究所以西子绿为母本，翠冠为父本杂交选育而成的早熟砂梨新品种。该品种树姿较直立，叶色亮绿，花芽易形成，坐果率高。果实长圆形，平均果重250克，果皮浅绿色，果面无锈或少量果锈，外观美。果肉白色，肉质细嫩，汁液多，果心小，可溶性固形物含量11%。果实生育期105天左右，杭州地区7月中下旬为最佳采收期。有的年份有少量裂果现象。

7. 翠玉

系浙江省农业科学院园艺研究所以西子绿为母本，翠冠为父本杂交选育而成的早熟砂梨新品种。该品种树姿较开张，花芽易形成，坐果率高。果实扁圆形，平均果重250克，果皮浅绿色，无果锈或少量果锈，外观明显优于翠冠。果肉白色，肉质细嫩，汁液多，果心小，可溶性固形物含量11%。果实生育期100天左右，杭州地区7月中旬为最佳采收期，是目前成熟最早的商品栽培的砂梨品种。有的年份有少量裂果现象，通过套袋可明显减轻裂果。

第二节　雪梨标准化栽培技术

1. 种植

（1）苗木选择：优质的苗木是梨树优质、高产的基础。商品化生产必须选择优质苗木，以确保3年后投产。苗木根系发达、枝干粗壮、芽眼饱满，种植后当年分枝多，生长量大，有利于树冠形成，可较早进入结果期。因此，种植时苗木应选择根系发达，根茎以上5厘米处粗度0.8厘米以上，在整形带处有5个以上的饱满芽。

（2）品种选择：绝大多数梨品种为异花授粉品种，自交结实率很低，为了保证良好的坐果率，生产栽培上需配置授粉树。除根据果园生产的实际情况，确定主栽品种外，还需要搭配种植授粉品种。目前浙江省主要品种之间的搭配有翠冠与清香，翠冠与黄花，西子绿与幸水等。为了选配好授粉品种，应当遵循以下原则：所选品种应该是适应南方气候条件栽培的优良品种，与主栽品种间花粉相互亲和，受精结实率高，且没有对果实质量有负面影响；花量多，花粉发育好且数量大，具有较高的发芽率；与主栽品种花期一致或相近，最理想为整体生育期一致。

（3）种植时间：种植以11月至翌年2月为好，种植越早越有利于次年的生长，在晚春种植往往先萌芽后长根，会严重影响当年生长量。

2. 花期管理

（1）疏花：疏花疏果主要包括疏花芽、疏花（蕾）、疏果，即“三疏”。疏花芽是“三疏”中最基础、最有效的，它可结合冬季修剪进行，省工省力，又节约营养。一般以全树花芽与叶芽比保持在1∶1或3∶2为宜。亩产2500千克可亩保留花芽1.8万只左右，或一个果台留一个花芽。为扩大树冠，主枝、侧枝延长头的腋花芽的花蕾应全部疏除，3～4年生枝上的短果枝一般10厘米左右留1个，以使果实分布均匀，靠近主枝、主干，立体结果。疏花（蕾）的作用是减少贮藏营养的消耗，集中营养的供给，增大果形，提高品质，防止结果大小年现象。在浙江省的气候条件下，有的地区或年份，可以采用这项技术措施，条件较差的地区可不采用疏花，而直接采用疏果一项技术措施。梨树每花芽一般有5～7朵花，应在现蕾至花期将多余的花蕾尽早除去，一般每隔20厘米左右留一花序，每花序留1～2朵花。生长不正常的花应先除去。疏花时折断花梗即可，注意不要损伤叶片。如树势较弱，花前花仍较多，可去掉花蕾而保留叶片，以增加叶量，增强树势。

（2）人工授粉：南方梨花期易遇阴雨天气，影响授粉受精，为提高坐果率，可通过人工进行辅助授粉。人工授粉不但可提高坐果率，还可有效提高大果率，增进品质。落在柱头上的花粉粒越多，果实长成大果的可能性就越大。第一步是花粉的采集，选择被授品种亲和力高的品种，采集含苞待放时的花蕾，取出花药，利用果园所具备的条件，在20～26℃温度下，促使花药开放，收集后在低温下贮存备用。若是贮存到来年用时要制成纯花粉，干燥放置于冰箱的冰冻层内。人工授粉，为了节约花粉并给已授花朵标记，可在花粉内加入淀粉或石松子等添加剂，再用毛笔、棉花球等作为授粉器，进行点授，效果好。目前液体授粉技术已成熟，日本已开始大面积使用。此外挂花枝或高接授粉品种可为单一品种的梨园解决授粉问题，挂花枝方法为：在花蕾待放或初放时采集花枝插入泥水罐中，挂于树上，一般一株大树需挂4～5罐，这个方法较简便，但效果没有人工授粉好。采用高接授粉品种的办法，可彻底解决授粉品种配置不当或不足的问题，接穗可用一年生的生长枝，也可用带花芽的中长果枝，于9～10月或春季嫁接。

3. 幼果期管理

（1）疏果：在正常的气候条件或经人工授粉的情况下，梨的着果率较高，在同一花序上常结有数个果子，为了保证果实大小一致，提高果实等级，必须进行疏果，通常在花谢后10～15天开始，此时受精果实已开始迅速膨大，受精果与未受精果可以明显区分。早熟品种疏果宜早不宜迟，早疏果有利于果实的膨大。建议采用三次疏果定量的原则，即第一次按一花序留一果，第二次留果量按确定留果量的110%留果，第三次修正疏果，疏除朝天果，果柄受伤果及小果，修正疏果时果形小的果实在采收时果实也是最小的。

（2）果实套袋：果实套袋可明显提高果实外观品质，提高果品等级，商品性和销售价格明显提高。套袋后的果实果面光滑，果点变小且少，果锈减少，果实外观明显改善；套袋也可减轻轮纹病、黑星病、梨小食心虫、夜蛾等果实主要病虫害的为害，减少农药使用，降低果实中的农药残留。套袋果实受采收、分级等机械伤较少，降低了果实贮藏、运输过程中的果实烂耗。

套袋技术要点：套袋时期依据品种类型及成熟期的迟早选择相应的套袋时间，时期过早易损伤果皮，过迟会加重绿皮梨类型的果锈，果点变大，影响外观。目前市场上梨果专用袋种类很多，价格相差也很大，在选择果袋时既要考虑成本，也要考虑套袋效果。黄褐色果对果袋的要求不高，可采用单层黄色袋，但黄绿色果对果袋的类型、质量要求很高，尤其是品种固有外观不是很好的，更要根据品种特性，选择适合该品种的果袋类型。如：翠冠生产黄褐色果时以双层袋为好，且又以外层为灰色，中间两侧为黑色，内层为灰白色的果袋效果最佳。生产绿皮果时则应进行二次套袋，第一次套小白袋，第二次套打蜡的半透明袋为好。套袋方法：将袋口撑开托起袋底后，将幼果套入袋内，袋口紧缚于果柄着生的上部，扎口要紧，防止病虫、药水、雨水等进入，最终果袋呈灯笼状，可避免果实膨大过程中果袋破裂。

4. 肥水管理

施肥时期主要根据树龄和生长结果情况确定，通常一年施肥四次。基肥：以有机肥为主，配合加施磷肥，在采果后落叶前进行，对恢复树势、提高树体营养贮备有显著作用。追肥要根据梨树生长特点合理施用，花前肥：在萌芽后开花前进行，施速效氮肥，主要是为提高坐果率和促进枝叶生长。壮果肥：在幼果迅速膨大期和花芽分化前的5月中下旬进行，以磷、钾肥为主，钾肥在此时施用为主。从果实发育中期起，喷布叶面肥，每隔10～15天1次，也有显著效果。水分管理主要通过灌水、排水和地面复盖等措施来调控。在南方春季或初夏雨水较多时要注意排水防涝，避免积水。在盛夏高温季节要以地面覆盖、灌水等来保证对水分的需求。

5. 整形修剪

整形修剪的原则：因地制宜，确定树形；因树造形，随形修剪；利用空间，控上促下。根据所处的自然环境和栽培方式不同而确定不同树形，一般选用疏散分层形，自然开心形，有台风危害地区采用低干矮化形或棚架式，以最大限度地采光。梨树极性强，分枝力弱，不同品种的树形不强求一致，可以因树造形；但又要根据品种的不同、生长结果习性和树形进行修剪。利用空间，控上促下，抑强扶弱注意控制上部，抑制过强部分，扶持较弱部分，促进下部生长，力求生长平衡，树体健壮。

6. 主要病虫害防治

（1）梨黑星病：冬季剪除病枝，清扫、烧毁枯枝落叶；萌芽前喷5波美度石硫合剂；花期前后摘除、烧毁病梢、病花丛；谢花后即喷56%代森锌500～600倍液，仙生600倍液或800～1000倍液，5～6月发病盛期前，再喷1次上述药剂。

（2）梨锈病：又名梨赤星病，各地均有发生，有些年份造成严重为害。主要为害叶片、新梢，严重时也为害幼果。每年春季梨树发芽展叶期，在桧柏、龙柏、塔柏、变形柏等植物发病部位越冬的冬孢子角萌发产生的担孢子是梨锈病发病的初侵染源。病原菌在梨树上侵入叶片、果实、新梢后会受精形成锈孢子器，锈孢子器产生的锈孢子随风传播至桧柏类植物上越夏、越冬，第二年春天形成冬孢子角。梨锈病的发生受气候条件，尤其温、湿度影响很大，冬孢子在春季温度14℃以上，借风雨传播到梨树上侵染为害，在17~20℃、多雨时侵染最严重，锈孢子则为27℃。此外，寄主桧柏类植物的分布及风的传播都会对梨锈病发生传播有一定影响。主要防治方法为：在花后及时喷15%三唑酮800~1000倍液1~2次，可有效地控制该病的发生。喷仙生600倍液也有较好的效果。

（3）轮纹病：全国各梨产区都有分布，尤对日本砂梨品种群为害严重。主要为害梨枝干、叶片和果实。枝干发病，发病初期以皮孔为中心形成暗褐色水渍状斑，渐扩大，呈圆形或扁圆形，直径0.3~3厘米，中心隆起，呈疣状，质地坚硬。此后，病斑周缘凹陷，颜色变青灰至黑褐色，翌年产生分生孢子器，出现黑色点粒。数个病斑连在一起，形成不规则大斑，病重树长势衰弱，枝条枯死。果实发病多在近成熟期和贮藏期，初以皮孔为中心形成褐色水渍状斑，逐步扩大，呈暗红褐色至浅褐色，具清晰的同心轮纹，病果很快腐烂，发出酸臭味，并渗出茶色黏液。病果渐失水成为黑色僵果，表面布满黑色粒点。叶片发病，形成近圆形或不规则褐色病斑，直径0.5~1.5厘米，后出现轮纹，病部变灰白色，并产生黑色点粒，叶片上发生多个病斑时，病叶往往干枯脱落。主要防治方法为：秋冬季结合清园，清除落叶、落果；刮除枝干老皮、病斑，用50倍402抗菌素消毒伤口；剪除病梢，集中烧毁。芽萌动前喷布5波美度石硫合剂，生长期喷50%多菌灵800倍液、70%甲基托布津800倍液等药保护。果实套袋，保护果实。选用无病苗木是减轻果园轮纹病发生的重要措施。

（4）梨二叉蚜：又称梨蚜，以成虫、若虫群居叶片、嫩梢上，吸食汁液，受害叶片皱缩向正面纵卷呈筒状，失去光泽，叶片不能展开，发病重时引起落叶，造成树势衰弱，严重影响产量和果实品质，是早春的主要害虫。主要防治方法为：开始发生少量时，趁早摘除被害卷叶，集中烧毁或深埋，大量发生时可喷一遍净粉剂1000～1500倍；蚜克星1500倍等进行防治。放养天敌瓢虫和草蛉，保护食蚜蝇、食蚜虻和其他天敌。

(5) 梨网蝽：是梨叶片上的主要害虫。冬季彻底铲除园内杂草和枯枝落叶，集中烧毁，减少虫源；4月下、5月上及6月上旬是防治重点，可叶面喷50%敌敌畏乳剂1000倍液；或用50%杀螟松乳剂1000～1500倍液。

(6) 刺蛾：幼虫发生期喷80%敌敌畏乳剂800倍液是该虫害最有效的防治方法。

(7) 梨小食心虫：又名桃折心虫，简称梨小。为害桃、梨、杏、樱桃、苹果等果实及桃、梨梢，尤其是桃、梨混栽或毗邻的果园发生更加严重。6月下旬至9月为害李、桃、梨果实，初期在果皮下蛀食，逐渐向果心蛀食，虫道呈不规则状，以后果面有糊稠状粪便，蛀孔周围果皮变干腐、黑色稍凹陷，果肉虫道有黑色粪便阻塞。主要防治方法为：梨、桃、李果树不要混栽。秋季树干缚草诱虫，冬季刮除枝干上粗皮翘皮，集中烧毁，消灭越冬幼虫，5～6月间及时剪除桃、李萎蔫新梢，成虫发生期用糖醋液（1份糖、4份醋、15～16份水）夜间诱蛾，每30～35平方米挂一处糖醋液罐，或利用梨小性激素引诱剂诱杀雄虫（每50米挂一处）。可用2.5%功夫菊酯2000倍液、1.8%阿维虫清2500倍液等，15～20日1次，共喷2～3次。套袋保护梨果也是一个非常有效的措施。成虫发生期用80%敌敌畏乳剂800～1000倍液，对未结果的幼树，可用25%的西维因可湿性粉剂200倍。

(8) 梨木虱：在越冬期喷杀螨剂以杀灭越冬成虫，春季结合防治其他越冬病虫，喷波美3～5度石硫合剂。生长期喷10%一遍净1000倍液，或用5%～7%木虱净乳剂2000～3000倍液。浙江省在7月中旬有一次发生，容易疏忽，喷10%一遍净1000倍液防治效果较好。

（9）金缘吉丁虫：冬季清园，除去死树死枝及时烧毁；结合刮皮挖除幼虫，或在虫道内堵塞50%敌敌畏乳剂500倍液棉球，消除虫源；结合其他害虫防治，在成虫羽化期喷80%敌敌畏乳剂800～1000倍液。

（10）梨瘿蚊：自20世纪90年代起在浙江省开始发生的虫害，防治不及时会造成大量叶片卷曲，影响光合作用。在浙江省每年第一次发生期在4月底5月初，近年来有提前的趋势，在4月中下旬喷一般杀虫剂均可，如阿维菌素的效果比较理想。

7. 果实采收

掌握适时采收原则是保证果实品质及经济效益的主要措施之一。未成熟时采收，果实还未充分膨大，产量低、品质差，采收过晚，果肉易发绵，品质下降，病虫害加重，商品果率下降。

根据梨果实的发育情况，果实成熟度可分为：可采成熟度、适食成熟度、生理成熟度三种。可采成熟度是指果实大小、外观特征等已呈现品种原有的特性，可食用，但品质尚未达到该品种的固有风味，品质一般。适食成熟度是指果实已完成物质的积累过程，并完成淀粉向糖的转化过程，表现出品种的外观与风味特征，此时食用品质好，一般早熟或中熟品种的种子未充分转色，果实未达到生理成熟，此时采摘适宜于直接上市销售或短期贮藏。生理成熟度是指种子已成熟转色，果实的外观、品质都已充分体现，但有的品种食用风味开始下降，果实不耐贮藏。

一般情况下，销售的果品应选择在可采成熟度与适食成熟度之间，以保证果实具备良好的贮运性。判断标准：绿色品种果皮颜色呈现浅绿色或黄绿色，果肉由硬变脆，汁液增多。黄褐色果实果皮颜色变浅，果肉由硬变脆，汁液增多。也可根据同一品种在同一地区基本固定的成熟时期，并根据花期的迟早进行适当的调整，也可根据品种的可溶性固形物含量，达到正常年份的含量时开始采摘。果实生育期法是比较常用的方法之一，一般品种的生育期基本不变，如翠冠梨从盛花到成熟大致需要110天，此时是翠冠梨较适合的采摘时期。

采收方法与时间对果实的耐贮性具有重要影响，避开中午、下午高温时采收，否则不利于果实贮藏。未套袋果可根据果实成熟度标准分批采收，套袋果由于成熟度判断困难，可从树冠外围到内膛，从上到下分批采收，也可根据果实大小，先大后小的顺序分批采收。

第三节　高效栽培技术新模式

目前，梨的主要种植模式有传统的露地栽培和近年刚刚兴起的大棚栽培，或称为无加温型保护地栽培。通过大棚栽培可提早梨果实成熟期、避开台风季节采收，同时解决早熟梨过于集中上市的问题。由于大棚栽培效益好，近年来有较大发展。主要技术要点如下：

1. 品种选择

大棚栽培应选择初夏绿、翠玉等早熟品种，发挥早熟的优势，提高经济效益。温岭等地大棚栽培研究认为翠冠也是大棚栽培的适宜品种。大棚栽培除保留露地栽培的优点外，还可减少裂果发生，改善果实外观。幸水、圆黄等品种成熟期迟于翠冠，可作为梨大棚栽培的补充。

2. 建园与幼树管理

（1）园地选择。选择已种植作物多年、含盐量低的海涂地进行建园。海涂地地势平坦、土层深厚、操作方便，有利于建成规模较大的梨园，搭建连片大棚，还因其富含磷钾、有机质含量高等优点，生产出高品质的果品。在选择海涂地时要注意地下水位的高低，避免在低洼地建园。

（2）定植、定干。栽后充分浇水，最好在树盘覆盖地膜。定植工作应在春节前完成。定植选用壮苗，40 ~ 50 厘米定干，株距

2米。

（3）土肥管理。梨幼树期根系活动能力较差，片面进行土壤化学施肥宜促进根际土壤盐分积累，不利于根系的发育和幼树的生长。因此，梨幼树期除施足基肥外，应主要采用叶面喷施的方式补充幼树生长发育所需的营养元素。一般萌芽期至一次梢停梢期每7~10天喷肥1次，以后每15天喷肥1次。前期以氮素为主，后期以磷钾为主。基肥可在每年5月份施用，此时根系活动活跃，肥效明显而经济。肥料种类可采用腐熟的家禽粪便与复合化肥结合，配合间作绿肥树盘覆盖或压绿进行。

（4）整形修剪。在扩大树冠的基础上，从营养生长转化成生殖生长，是梨幼年树整形修剪的主要目标。而枝条角度小、极性强、萌芽率高、发枝率低是梨幼树的重要特性。通过拉枝可调节枝条的营养局部积累，促进成枝及花芽形成。梨幼树期在第一次长梢接近停梢时摘心并拉成弓形，通过顶端优势的转移促使原中短枝形成长枝及促发背上长枝，待第二批长枝接近停梢时做相同处理。落叶前一个月解开所有被拉枝条，让主枝、侧枝自然回升，保持第二年良好的生长势。第二年冬季修剪时保留6~8个长梢，剪除二次梢部分做骨干枝培养，疏除交叉、重叠生长的长梢，其余部分可保留结果并培养成大型的结果枝组。

3. 建棚

连栋大棚顶高350~400厘米，肩高200厘米以上，单栋棚宽8米，长30~50米，架材可采用钢管、毛竹等，根据资金投入情况而定。覆盖材料也可根据资金情况而定，聚氯乙烯无滴膜、地膜等均可。一般在梨树定植后第2~3年搭建并使用，也可利用成龄梨园进行直接搭建。

4. 温湿度调控

大棚于1月下旬开始覆膜保温，前期全封闭，芽萌动后白天棚内温度控制在28℃以下，夜间放下裙膜保温，花期进行通风降湿，防止烂花及灰霉病的发生。棚内温湿度过高，会引起徒长，导致果柄变长，畸形果增加。

5. 果园管理

（1）土壤管理。梨树大棚栽培树体根群分布层浅，大多集中在地表30厘米土层内，宜实行生草与覆草相结合的土壤管理方式，可以免除中耕与深翻作业。

（2）肥水管理。应增加基肥和有机肥的用量。基肥在采果后尽早施入，追肥应根据物候期的特点，以滴灌的形式结合灌溉及时补充。在盛夏高温季节则以地面覆盖、灌水等来保证梨树对水分的需求。

6. 花果管理

（1）人工授粉，大棚栽培梨自然授粉结实率很低，必须进行人工授粉。在花朵开放后即可开始授粉，初花期至盛花期进行人工授粉可取得更好效果。全天均可进行人工授粉。谢花时及时除去花瓣，防止花瓣长时间落在幼叶、幼果上而引起幼果和叶片局部坏死。

（2）疏果。疏果与露地相似，分2次进行。在确认坐果后即可开始，第一次疏掉所有花序的多余果，都留单果。第二次疏掉梢头小果、畸形果、位置不佳果、病虫果等，每隔15～20厘米留果形端正果1个。

（3）套袋。大棚栽培条件下，翠冠梨果面较光洁，一般可不进行套袋，如精品生产时可进行套袋使果面达到光滑、美观，最好选择2次套袋，一般在谢花后1个月左右开始套袋。褐色品种可进行套袋，因套袋后能使果皮光洁黄润，提高外观品质，果袋可选用内黑外黄的双层果袋。

7. 整形修剪

可根据棚高及当地整形修剪的习惯进行，棚内光照较露地弱，必须保持良好的通风透光树形。大棚栽培宜采用低干矮冠开心形树形。修剪方法与一般开心形相同。当树体长大后，进行间伐，保持果园通风透光以减少病虫的发生，提高果实品质（详见标准化栽培技术部分）。

8. 病虫害防治

通过大棚栽培，梨锈病、褐斑病、轮纹病等明显减轻，但蚜虫、螨类等害虫有加重发生的现象。防控方法与露地栽培相同，但大棚内温度高，喷药时应避开中午高温时段，防止发生药害。果实采摘后及时去膜，可明显减轻红蜘蛛为害。盖膜后萌芽前全园喷1次3~5波美度石硫合剂进行清园。果实采收后至落叶前喷50%多菌灵可湿性粉剂600倍液加20%哒嗪酮乳油1000倍液1~2次。

第十一章　有机茶园标准化高产栽培技术

中国农业科学院茶叶研究所研究员　韩文炎

随着人们生活水平的提高和环保意识的增强，追求产品优质安全、生产过程绿色环保、生产关系平等和谐的有机农业正成为优质高效农业发展的方向。有机茶是我国最早的有机食品，自 1990 年浙江临安率先进行有机茶生产以来，我国有机食品发展迅速，已成为世界有机食品主要生产国。有机茶则是我国有机农业中发展最快，生产水平最高的有机食品。截至 2010 年年底，我国有机茶园（含转换）面积达 4 万公顷，产量 3.0 万吨，其中出口 1.3 万吨，认证的企业超过 650 家。

一、发展有机茶的意义

有机茶是在未经污染的生产环境条件下，在茶叶生产过程中按照有机农业的基本原则和要求，遵循自然规律和生态学原理，协调种植业和养殖业的平衡，采取有利于生态和环境的可持续发展的农业生产技术，不使用化学合成的农药、肥料、生长调节剂、基因工程和离子辐射技术及产品，在加工过程中不使用合成的食品添加剂，按照国家有关规定生产并经认证的茶叶产品。有机茶生产具有下列意义。

1. 有机茶产品安全优质，满足消费者需要

有机茶产地生态环境没有受到污染，生产过程中又不使用任何

化学农药、化学肥料和基因工程产品等。所以，生产的茶叶产品不含农药残留，重金属元素含量低。有机农业提倡保持产品的天然成分，有机茶园使用菜饼和农家有机肥，茶叶内含成分更丰富，香气高、品质好，能满足高端消费者对优质茶叶的需求。

2. 有机茶生产过程低碳环保，促进环境健康

有机茶生产强调生产系统内的物质循环，提高系统内的生物多样性，鼓励使用天然物料，尽量不用或少使用系统外的物质。而现代农业主要依靠化肥、农药的大量投入以及使用基因工程产品来提高产量，这破坏了生态平衡，如农药在杀死害虫的同时，也伤害了有益生物特别是鸟类及益虫等，使生物多样性减少。最新的研究表明大量使用化学农药是造成蜜蜂数量减少的重要原因。化学肥料的大量使用和有机肥的减少不仅降低了土壤质量，使土壤的保水、保肥能力减弱，加剧了水土流失和旱涝灾害，而且造成了环境污染。如目前茶园氮肥利用率约为 30% 左右，用氮量高的茶园仅为 10% 。没有被茶树吸收的氮素主要通过硝态氮（NO_3^-）和氧化亚氮（N_2O）进入环境中。茶树是喜铵厌硝的作物，硝态氮又不易被土壤吸附固定，容易进行地下水或附近湖泊、河流，造成水体的富营养化；而 N_2O 则是重要的温室气体，单位质量 N_2O 的增温潜能约是 CO_2 的 298 倍，N_2O 还能参与大气中的光化学反应，破坏臭氧层。臭氧层的破坏将增加到达地球表面的紫外辐射，大大增加人类患皮肤癌和其他疾病的风险，并可引发其他健康问题。

化学肥料和农药通常是以石油为原料生产的，其生产过程又需要消耗能源。所以常规农业生产常常需要消耗许多不可再生资源。发展有机农业可以减少化肥、农药的生产量，降低人类对不可再生能源的消耗，达到低碳环保、促进环境健康之目的。

3. 有机茶参与各方公平，促进人与人、人与环境的和谐发展

有机农业强调所有参与者，包括生产者、加工者、贸易者和消

费者公平处理人际关系、公平分享劳动成果。有机茶消费者愿意比常规茶付更多的钱来奖赏有机茶生产者在环境保护中做出的努力，有机茶贸易者也愿意让利给消费者。所以，有机茶生产很容易获得公平贸易认证。有机农业强调对子孙后代负责任的态度来利用自然和环境资源，强调人与动物、人与环境的和谐发展。实践证明，在山区等生态敏感脆弱区发展有机农业可以加快这些地区的生态治理和恢复，通过降低水土流失，增加天敌数量和生物多样性，恢复和改善生态环境来促进茶叶生产的持续健康发展。

4. 有机茶生产能获得良好的效益，促进茶叶生产持续健康发展

有机茶生产不仅能带来良好的社会和生态效益，而且能产生良好的经济效益。据调查，在国际市场上，有机食品的价格比常规食品高20%～50%，高档产品可高出一倍甚至更多。另外，由于有机农业不需要购买化肥和农药，虽然有机茶转换初期，由于农家有机肥使用量的增加和生物农药的投入成本略有增加，但经过经几年的努力，当土壤肥力水平提高，生态平衡恢复后，茶叶生产成本明显降低，从而能取得较好的经济效益，这反过来促进茶叶生产的持续健康发展。

另外，有机茶生产还是增强我国茶叶产品的市场竞争力。目前，国际市场产品安全质量标准越来越高，如欧盟和日本都在不断提高进口农产品的农残标准，检测的农药数百种，且极大多数要求在检测限以下。有机茶能顺利出口且受到消费者的推崇。有机茶生产过程中病虫草害防治很多需要手工完成，是典型的劳动密集型产业。所以，有机茶生产可以创造更多的就业机会。

二、有机茶生产的基本原则及要求

1. 有机茶生产的基本原则

有机茶是按照国际有机农业运动联盟（IFOAM）的基本标准

来进行生产的。IFOAM 规定有机农业发展需遵循下列四项基本原则：

（1）健康原则。即将土壤、植物、动物、人类和整个地球的健康作为一个不可分割的整体加以维护和加强。该原则指出，个体与群体的健康是整个生态系统健康不可分割的组成部分，只有健康的土壤才能生产出健康的粮食，而健康的粮食是健康的动物和人类的保障。健康不仅仅是指没有疾病，而是要求生态系统具有高度和持续的生产能力。有机农业特别强调生产高质量和富有营养的食品，为人类及其生存的环境健康做出贡献。为此，应避免使用那些对健康会产生不利影响的化学肥料、农药、食品添加剂和基因工程产品等。

（2）生态原则。遵循生态系统和生态循环的基本规律，创造条件，使之协调、平衡、持续发展。这一原则要求我们在有机茶生产过程中，尽量利用茶园及附近生态系统内的物质和能量循环，减少外来投入物的使用；保护水土资源、提高土壤质量；种树种草，提高生物多样性，改善茶园生态环境。

（3）公平原则。建立公平享受公共环境和生存机遇的各种关系。要求从事有机农业的所有参与者，包括生产、加工、贸易和消费者都公平地处理人际关系，要求人类应根据动物的生理和自然习性为它们提供必要的环境和生存条件，要求以对社会和生态环境公正、对子孙后代负责任的方式来利用自然和环境资源。

（4）关爱原则。从关爱人类和子孙后代、保护和改善生态环境的角度来从事农业生产。要求有机农业参与者在不对他人和环境产生为害的前提下，不断提高系统的效率和生产力；要求有机农业在生产、管理和技术选择方面有利于人类健康、安全，有利于生态环境的改善。推荐使用经过时间验证的传统和本土技术，拒绝使用转基因工程等无法预知后果的技术，以避免健康和生态风险。

2. 有机茶生产的基本要求

根据有机农业的定义及上述基本原则，有机茶生产有下列基本要求。生产基地在最近三年内未使用过农药、化肥等违禁物质；种子或种苗来自于自然界，未经基因工程改造和离子辐射技术处理；生产基地应建立长期的土壤培肥、植物保护、绿肥间作和畜禽养殖计划；生产基地无水土流失、风蚀及其他环境问题；茶叶在采摘、加工、贮存和运输过程中清洁无污染；从常规茶园向有机茶园转换通常需要 3 年时间，从荒芜茶园转换至少也需 12 个月的转换期才有可能获得颁证；在生产和流通过程中，必须有完善的质量控制和跟踪审查体系，并有完整的生产和销售记录档案。

三、有机茶生产对环境的基本要求

有机茶需要在无污染、生态条件良好的环境中生产。有机茶生产基地应远离城区、工矿区、交通主干线、工业污染源、生活垃圾场等场所。生产基地无水土流失和其他环境问题。有茶园的土壤、空气和水质均需检测，并达到相关要求：土壤环境质量符合 GB 15618 中的二级标准，灌溉水质符合 GB 5084 的规定，环境空气质量符合 GB 3095 中二级标准和 GB 9137 的规定。

具体来说，有机茶园土壤的 pH 值在 4. 0 ~6. 5，重金属元素全量镉、汞和砷分别小于 0. 30、0. 30 和 40 毫克/千克，铅、铬和铜分别小于 250、250 和 150 毫克/千克，锌和镍分别小于 200 毫克/千克和 40 毫克/千克，农药残留六六六和滴滴涕含量均小于 0. 5 毫克/千克。灌溉水质规定了五日生化需氧量、悬浮物、阴离子表面活性剂、重金属元素、氯化物、粪大肠菌群数和蛔虫卵数等。对于位于山清水秀环境下的有机茶园来说，灌溉用水应不成问题。空气质量指标中包括二氧化硫、二氧化氮、一氧化碳、颗粒物 PM_{10} 和 $PM_{2.5}$、臭氧和铅浓度等，其中要求 $PM_{2.5}$ 年平均和 24 小时平均分别低于 35 和 75。该国标（GB 3095）将于 2016 年开始实施，到时一些城市郊区和离公路较近的茶园有可能不符合要求。

除对土壤、空气和灌溉水等有要求外，有机茶园特别强调有机种植区与常规种植区有缓冲带或隔离区，即它们之间必须有明确的用来阻挡邻近常规种植区禁用物质的漂移，以防止有机茶生产地块受到污染。缓冲带可以是自然的林地、一条沟、一条河和一条路（不是主要公路），也可以是一片耕地，但耕地内种植的作物必须按有机生产方式进行管理，且缓冲带上收获的作物只能作为常规产品销售。有机茶园大都在山区，特别强调茶园坡度必须在 25°以下，坡度 15°~25°的茶园应建立等高梯级园地，15°以下的茶园要等高种植，切忌顺坡种植，要求水土保持良好。

四、有机茶园土壤培肥技术

对于有机茶园来说，施有机肥、间作绿肥、覆盖和合理耕作是土壤培肥最重要的技术措施。

1. 有机茶园肥料的种类

有机茶园对使用的肥料有较高的要求，最好的茶场生产体系内自制并充分腐熟的堆肥、沤肥和沼液，认证机构许可的从茶场外购买的农家肥。目前肥料厂生产销售的商品有机肥必须通过有机认证。茶园内间作的绿肥、修剪枝叶是很好的有机肥，如没有严重的病虫为害，要求留在茶园内作为覆盖材料。特别需要注意的是动物粪便必须经过堆制熟化，杀死其中的虫卵和有害微生物，将其中的有害物质，如一些活性酸等转化后才能使用，直接使用极易造成为害，对茶树生长发育不利。其他一些动植物副产品，如菜籽饼、树皮、锯屑、蘑菇培养废料、鱼粉、骨粉、皮毛和羽毛等没有受到化学物质的污染均可使用。

除动植物来源的有机肥外，有机茶园也允许使用一些天然的矿物肥料，如磷矿粉、钾矿粉、硼砂、镁矿粉、硫磺、白云石粉、窑灰等，但这些物质必须未经化学处理，未添加任何化学合成物质。一些微量元素肥料，如硫酸铜、硫酸锌、钼酸铵（钠）和硼砂等在缺素条件下也可使用，但微量元素肥料只能作叶面肥有限制地喷施。另外，有机茶园推荐使用叶面肥。除上述微量营养元素（矿质叶面肥）作叶面肥喷施外，为及时补充茶树所需养分，有机茶园推荐使用经过认证的有机叶面肥。

有机茶园严格禁止使用化学合成的肥料，包括尿素、硫酸铵、磷酸铵、过磷酸钙、氯化钾、磷酸二氢钾和普通复合肥等。城市垃圾、工矿废水、污泥等重金属元素含量较高，或含有化学污染物质禁止在茶园中使用。

2. 有机茶园施肥方法

有机茶园施肥要求一年 2 次，于每年的 2 月底和 8 月中旬进行。有机肥使用量根据肥料的养分含量确定，一般要求每亩施菜饼 150～250 千克，商品有机肥 300～500 千克，农家有机肥（畜栏、粪、厩肥等）则最好能达1 吨以上。在 2 月份使用的有机肥最好能配合微生物肥料，以促进有机肥分解；于 8 月施的基肥配合部分矿质无机肥料。施肥时在茶树行间开沟，如行距过大，则在茶树树冠外缘或距茶树 30～40 厘米处开沟深施，沟深 20 厘米左右，施肥后盖土。8 月份施肥时最好结合深翻进行。

有机茶园一年施肥两次是考虑到多数茶区没有速效肥料而提出的折中方案，在既有堆肥又有沼液的有机茶场或农户，则将堆肥和沼渣作为基肥，沼液作为追肥则将极大地提高土壤养分的供应能力，提高茶叶产量和品质。

有机茶园叶面肥一般在茶树生长季节进行，硫酸锰和硫酸亚铁的喷施浓度一般为 0.2%～0.5%，硫酸锌的浓度为0.5%～1.0%，硫酸铜的浓度为 0.1%～0.2%，硼砂、硼酸和钼酸铵的浓度为 0.1%左右。有机叶面肥根据商品说明使用。叶面肥喷施后应有一定的间隔期才能采摘，一般来说，喷施无机叶面肥后需 10 天才能采茶，喷施有机叶面肥后需 20 天才能采茶。

3. 有机茶园绿肥间作技术

为充分提高土壤肥力水平，幼龄茶园、改造茶园和茶树行间较宽的有机茶园，应间作绿肥。绿肥间作一年两次，包括春季或秋季绿肥。绿肥品种选择时要因地制宜，既要避免与茶树争肥、争水和争光，又要有较强的生长能力、生物产量较高，同时病虫害较少，其中以固氮能力较强的豆科绿肥为好，经常选用的豆科绿肥有伏花生、黄花苜蓿、黄豆、乌豇豆、绿豆等。为提高绿肥的肥效，应在绿肥生长开花初荚时刈青摊放在茶园内或结合深翻埋入土壤内。

对于梯级茶园，梯坎裸露的茶园，宜种植矮生匍匐型的可保护梯坎的多年生绿肥，如紫穗槐、爬地木兰等。

绿肥种植时要求根据绿肥品种的特性，做到适时播种、合理密植、根瘤接种，增施磷矿粉，及时刈青。特别要注意绿肥的种植是为了促进茶树生长，提高茶叶产量和品质，切忌主次颠倒，将茶园作为作物园地。

除了在幼龄、改造和行间较宽的茶园内间作绿肥外，应有计划地利用园边地角或荒芜园地等可以利用的土地，建立有机茶绿肥基地，增加绿肥肥源。在茶叶生产较集中的地方，也可规划一部分集中成片的土地，统筹安排，专门生产绿肥。专用绿肥基地的土地，最好选择荒山或有待改造后计划作有机茶生产的土地。此外，有机茶园大部分分布在山区，地块割裂，出于种种原因，某些零星地块不宜建立茶园，但这些土地却是种植绿肥的理想场所。路边、沟边、塘堰四周亦应充分利用。零星种植的绿肥应以多年生耐刈青的高干绿肥为主，结合护路、护梯、护坎进行有计划种植。绿肥既可直接埋青，也可做成堆肥或作地表覆盖物。

4. *有机茶园铺草覆盖技术*

茶园铺草覆盖可以保护水土，稳定土温，减少杂草生长，增强土壤生物活性。茶园覆盖的有机物料很多，如山草、作物秸秆、修剪枝叶、树皮木屑、糖泥、薯藤等。其中山草不含农药，不受化学物质的污染，是理想的覆盖材料。但山草常常带有许多病菌、害虫及杂草种子等，如不加以适当处理，往往会增加茶树的病虫和杂草为害。因此，作茶园土壤覆盖用的山草要作必要的处理：暴晒或堆腐。暴晒是山草割下后把它放到晒场上经过几天的暴晒后把病菌和害虫杀死，然后敲山草，把草种打落，再铺放到茶园；堆腐是把山草割下后在茶园地边与人粪尿家畜粪便一层一层堆放，并接种有效微生物 EM 等使其高温发酵，利用堆腐时发酵的温度把病菌、害虫和草种杀死，然后再铺放到茶园行间。如果采用农作物秸秆，如稻草、麦秆、豆秸、薯藤、甘蔗渣等，要注意这些草料中是否含有农药残留物，如有则会给有机茶园带来间接污染，不能使用。草料用量一般每亩干草 500～1000 千克，铺草厚度 5～10 厘米，铺草时间要因地制宜进行，最好一年两次，一次在 5 月份高温来临前，以保护水土；另一次在秋季深翻施基肥后，以提高冬春季土壤温度。

五、有机茶园病虫草害治理技术

有机茶园不能使用化学农药，所以病虫草害防治的基本原则应从农业生态系统整体出发，综合运用各种防治措施，创造不利于病虫草害孳生和有利于各类天敌繁衍的环境条件，保持农业生态系统的平衡和生物多样化，减少各类病虫草害所造成的损失。应优先采用农业措施，通过选用抗病抗虫品种、加强栽培管理、合理采剪、中耕除草、清洁田园、间作套种等一系列措施增强茶树生长势、减少病虫草害。在此基础上，尽量利用灯光、色彩诱杀害虫，生物防治，机械或人工除草等措施，防治病虫草害。

1. 有机茶园允许使用的物质

在上述农业和物理机械措施无法奏效时，有机茶园允许使用部分植物、动物和矿物源植保产品。其中动植物来源的主要有印楝素、天然除虫菊、苦参碱、鱼藤酮、蛇床子素、小檗碱、大黄素甲醚、植物油、甲壳素、天然食醋，以及具有驱避作用的从大蒜、薄荷、辣椒、花椒、薰衣草、柴胡、艾草等植物的提取物。动物来源的主要有石硫合剂、波尔多液、氢氧化钙、硫磺、石蜡油轻质矿物油等。微生物来源的有茶尺蠖和茶毛虫等核型多角体病毒、白僵菌和木霉菌等真菌制剂、苏云金芽孢杆菌（Bt）和荧光假单胞杆菌等细菌制剂。目前，生产上应用较多的主要有印楝素、苦参碱、鱼藤酮、石硫合剂、波尔多液、矿物油、茶尺蠖病毒、茶毛虫病毒和苏云金芽孢杆菌等。

有机茶园禁止使用任何化学农药。但一些毒性较大，对天敌有杀伤作用的生物农药，如阿维菌素等也禁止在有机茶园中使用。

2. 有机茶园病虫害主要防治技术

农业防治措施，包括选作抗病抗虫品种、加强栽培管理、合理采剪、中耕除草、清洁田园、间作套种等一系列措施增强茶树生长势、减少病虫数量的措施是有机茶园病虫防治的基础，应优选使用。这里主要介绍农业措施以外的其他病虫防治措施。

（1）使用诱虫灯。频振式杀虫灯是利用害虫较强的趋光、趋波、趋色、趋味特性，将光的波长、波段、波的频率设定在特定范围内，近距离用光、远距离用波，将引诱到的成虫用频振式高压电网触杀。频振式杀虫灯对于螟蛾类成虫，如茶尺蠖、茶毛虫、刺蛾类害虫具有较好的防治效果。一般可安装在电杆旁边，离地高度约 1.8 米，杀虫半径可控制在 110 米左右。山区可使用太阳能杀虫灯。管理操作方便，天黑后会自动开灯，天亮后自动关灯。应定期清理收集到的害虫，并将灯上的虫垢打扫干净。

（2）使用信息素色板。目前应用较多的主要有黄板和绿板，两者对茶小绿叶蝉和黑刺粉虱均有防治效果，其中黄板对黑刺粉虱、绿板对茶小绿叶蝉的防治效果更好。板上附有将害虫引诱过来的信息素诱芯，色板上有高黏度防水胶，能将害虫粘住。

信息素色板在害虫虫口高峰期实施诱捕防治，在茶小绿叶蝉虫口高峰期诱捕成虫和若虫，在黑刺粉虱羽化高峰期诱捕成虫。每亩放 20 块左右，色板直接置于茶树蓬面上方（板与蓬面接触）。一般有效期为 20 天左右，当板上粘到的虫口较多时也要及时更换。

（3）使用昆虫病毒制剂。病毒具有保存时间长、有效用量低、防治效果好、专一性强、不伤害天敌及具有扩散和传代等作用，是有机茶园重要的生物防治措施。目前中国农业科学院茶叶研究所已批量生产的病毒有茶尺蠖和茶毛虫核型多角体病毒等，这些病毒有时与 Bt 混合在一起使用以增强效果。

病毒制剂在第一代和第二代低龄幼虫期喷施。由于病毒对紫外线较敏感，所以最好选择春秋和早晚使用。病毒喷到害虫身上的效果最好，所以防治茶尺蠖和茶毛虫时，最好先找到发虫中心，对其进行重点喷施，可以明显提高防治效果。

（4）使用植物源和矿物源农药。目前，商品化的植物和矿物源农药主要有印楝素、苦参碱、鱼藤酮、石硫合剂、波尔多液、矿物油等。印楝素对防治小绿叶蝉，苦参碱防治茶尺蠖，矿物油杀螨，石硫合剂封园作为杀虫、杀螨和杀菌剂，波尔多液作为杀菌剂防病均有良好的效果，可选择性地在有机茶使用。但由于这些农药在杀死害虫和病菌的同时，也会杀死一些有益微生物、捕食螨和天敌昆虫，影响茶园生态系统的生态平衡，所以，只有在农业和物理机械措施无法奏效时才使用。

3. 有机茶园主要病虫防治技术

（1）茶尺蠖。深耕除蛹：在每年的秋冬季施基肥前，最好在9月中下旬到10月初将茶树根际附近的落叶层（含有越冬虫蛹）翻埋入土，降低虫蛹羽化率。灯光诱蛾：在茶树生长季节使用频振式杀虫灯诱杀成虫。喷施茶尺蠖病毒和Bt混剂：在每年春季第一、二代或秋季最后一代茶尺蠖3龄幼虫前喷施茶尺蠖核型多角体病毒制剂，每亩50~100毫升。最好在阴雨天或早晚湿度较大时喷施，重点喷施发虫中心。喷施植物源农药：在茶尺蠖幼龄期时使用清源宝（0.6%苦内酯水剂）或2.5%鱼藤酮乳油，每亩75毫升或1000倍液喷施。

（2）茶小绿叶蝉。清除茶园杂草：茶小绿叶蝉是杂食性昆虫，嗜食杂草且喜荫，所以早晚为害茶树，白天气温较高时躲在杂草中。对于茶小绿叶蝉为害严重的茶园及时清除杂草，可明显降低虫口密度。分批勤采：茶小绿叶蝉不仅为害幼嫩新梢，而且将卵产在新梢嫩茎上。及时分批勤采不仅可降低小绿叶蝉发生量，且恶化其营养条件，减少为害。绿板诱捕：在茶小绿叶蝉高峰盛期，通常是春夏交替的5月下旬至6月上旬、9月下旬至10月上旬在茶园内放置绿板诱捕器，每亩20套，诱杀茶小绿叶蝉成虫和若虫。释放虫生真菌制剂：在茶小绿叶蝉虫口高峰期释放白僵菌或绿僵菌制剂，使之感染真菌，降低虫口密度。由于真菌感染需要较大的湿度，所以，最好选择雨后和早晚喷施。

（3）茶橙瘿螨等害螨。保护天敌：茶橙瘿螨等害螨有很多天敌，如捕食螨、草蛉和瓢虫等。由于害螨发生代数多，如茶橙瘿螨每年发生达30代，螨口数量更多，又以为害成叶为主，天敌防治的效果好。一头食螨瓢虫每小时可捕食25头茶橙瘿螨。所以保护天敌，对于害螨防治显得特别重要。在害螨高峰期人为释放天敌则效果更好。喷施矿物油：在螨口高峰时喷施99%绿颖乳油，每亩250~300毫升或200倍液喷施。特别要注意多数害螨在叶背，所以，喷到叶背十分重要。石硫合剂封园：对于螨类等体型较小害虫发生严重的茶园，冬季用石硫合剂封园，对于降低越冬害螨基数有重要作用。

（4）黑刺粉虱。分批勤采：黑刺粉虱的卵产于新梢上，所以，分批勤采可显著减少其发生量。另外，边缘修剪，提高茶园的通风透光条件，不利于其生长发育。黄板诱捕：在4月上中旬黑刺粉虱成虫羽化盛期，使用黄板诱捕器诱捕成虫，每亩放置诱捕器20只，即可诱捕大量成虫，压低全年虫口数量。释放虫生真菌：使用韦伯虫座孢真菌制剂，于5月份梅雨或秋雨时节，或虫口高峰期进行喷雾，使黑刺粉虱真菌病流行，降低其为害。石硫合剂封园：对于黑刺粉虱较严重的茶园，必须进行石硫合剂封园，以降低越冬基数，减少翌年为害。

（5）茶毛虫和茶黑毒蛾。深耕除蛹：在秋冬季施基肥前，将茶树根际附近的落叶层和杂草（含有越冬虫蛹）翻埋入土，降低虫蛹羽化率。人工摘卵：茶毛虫和茶黑毒蛾卵块产于茶树中下部成熟叶片背面，整齐排列，容易寻找。人工捕杀，效果良好。灯光诱蛾：在茶树生长季节使用频振式杀虫灯诱杀成虫。喷施茶毛虫病毒和Bt混剂：在茶毛虫3龄幼虫前喷施核型多角体病毒与Bt混剂，每亩 50~100 毫升。最好在阴雨天、或早晚湿度较大时喷施，重点喷施发虫中心。喷施植物源农药：在幼龄期时使用清源宝（0.6% 苦内酯水剂）或 2.5% 鱼藤酮乳油，每亩 75 毫升或 1000 倍液喷施。

（6）茶炭疽病。选用抗病品种：茶树品种间呈明显的抗病和感病差异，一般角质层薄、叶片软的品种容易感病，福云 6 号和龙井 43 品种比较易于感病。加强茶园管理，增强树势：对于病害来说，增强茶树生长势，提高角质层厚度对于阻止孢子侵入具有重要作用。所以，适当增施磷、钾肥和有机肥，避免偏失氮肥，保持茶园清洁等对于降低炭疽病等病害的发生和为害均有作用。波尔多液封园：对于病害较严重的茶园，秋冬季用波尔多液封园，早春开采前 1 个月再喷一次，对于减少越冬病菌数有良好的效果。

六、有机茶生产在管理上的要求

有机茶生产在管理的要求很多，包括制定有一系列的管理文件、详细的档案记录，内部检查制度等。

1. 有机茶生产管理文件

有机茶生产管理体系的文件包括生产单元位置图，有机茶生产经营管理手册和操作规程等。

（1）有机茶生产单元位置图。应按比例绘制机茶生产单元和加工场所的位置图，并标明茶园各地块的分布。如种养结合，还应在位置图上表注畜禽养殖场及其粪便处理场所等。在表注茶园时，茶园内的一些标志性物体，如道路、河流、建筑物等应表明。茶厂的加工车间、包装车间和仓库等也需表明。

（2）应编制有机茶生产管理手册，包括生产或经营者的简介、管理方针和目标，管理组织机构图及其相关岗位的责任和权限，有机标识的管理，可追溯体系与产品召回，内部检查，文件和记录管理，客户投诉的处理和持续改进体系等。

（3）有机茶生产操作规程。有机茶生产操作规程应包括有机茶生产的技术规程，防止受禁用物质污染所采取的预防措施，如有平行生产应有防止有机茶与常规茶产品混杂所采取的措施，有机茶采摘、运输、加工、贮藏等各道工序的操作规程，加工厂卫生管理与有害生物控制规程，标签及生产批号的管理规程，以及员工福利和劳动保护规程等。

2. 档案记录

有机茶生产、加工、经营过程中应建立详细的档案记录。档案记录至少应保存5年。档案记录是有机茶生产企业形成可追溯体系的基础，所以一定要全面、详细和完整。

（1）茶园田间农事作业记录。包括施肥、除虫、耕作、锄草、修剪和采摘等作业，以及使用肥料和病虫防治物质的种类、数量和面积等均有作详细记录。

（2）加工记录。鲜叶来源（生产地块）、等级和数量等。鲜叶加工过程中各个工序的执行情况，绿茶包括摊青、杀青、揉捻、烘干等，直到产品入库的详细情况。

（3）贮藏和运输记录。有机茶加工后入库贮藏情况，包括批号、包装、标识、毛重、净重和件数，在仓库中的位置。质量检验单和入库单等。出库时填写出库单。运输单上应有承运人、联系方式、运输工具、清洁情况、目的地、收件人、批号、件数和数量等。

（4）销售记录。有机茶产品的销售情况。包括产品的生产日期和产地（地块号）、品名、等级、数量、生产批号、负责人。销售日期、规格、等级、包装、买方人员信息等。如有质量问题，首先应从销售记录着手进行质量跟踪。

（5）投入物购买凭证。有机茶生产过程中使用的投入物，如肥料、生物农药等购买凭证，如发票、收据等。还应保留产品说明书，以便认证机构对使用物品进行确认和判别。

另外，还有有机标识使用管理记录，培训和内部检查记录等。

3. 内部检查

应建立内部检查制度，以保证有机茶生产、加工、销售管理体系及生产过程符合国家的相当标准和规定。有机茶生产企业应有内部检查员，其职责是检查有机茶生产管理体系，并提出修改意见；配合认证机构的检查和认证；对每次内部检查形成档案记录等。

第十二章　油茶规模化丰产高效栽培技术

浙江省林业科学研究院研究员　程诗明

第一节　浙江省油茶产业发展现状及策略

一、山茶油产业化前景

油茶是世界四大木本油料树种和我国栽培范围最广的木本食用油料树种，其产品山茶油是高级保健食用油，因含茶多酚、山茶甙、山茶皂甙和角鲨烯等活性成分，对心脑血管疾病有一定的食疗作用，人们将它誉为“长寿油”、“血管清道夫”、“天然脑白金”。高级精炼山茶油质量可与橄榄油媲美。近年来市场销量猛增，但由于目前山茶油原料全部取自天然野生油茶树，产量十分有限；加之山茶油对肌肤有抗衰老作用，许多国家都把它作为化妆品的绝佳原料，山茶油出口量迅速增加。作为一种高级木本植物食用油，山茶油在我国已有几千年的历史，一直以来作为皇家宫廷御膳专用油。近年来，随着人们自我保健意识的不断增强以及茶油知识的普及，山茶油开始走上百姓餐桌。为了加快山茶油的开发与利用，我国已把山茶油列为十一·五规划中重点发展的食用油，人们期望山茶油能像普通食用油一样，真正走进百姓生活，可由于山茶油的多用途开发以及国际市场的庞大需求，致使山茶油原料价格成倍增长，供求更是极度不平衡，最近几年，在同类产品（橄榄油）资源减少的情况下，日本、澳大利亚、新西兰等国家开始重视对山茶油的开发与应用，市场价格不断走高。在日本，山茶油价格是菜籽油的7.5倍，一些外商开出了每吨15万元人民币的价格；在我国港台地区及东南亚诸国，精炼山茶油已成为老年人的抢手货和生活必需品；在美国市场，也开始兴起使用山茶油等高油酸植物油的热潮。随着生活水平的不断提高，人们对食品营养健康的追求也会不断提升，而山茶油作为一种富含人体必需脂肪酸及多种维生素的高级植物油，能改变单一油脂造成的营养不均，充分平衡人体营养。有利于身体健康，符合当代油脂消费趋势，有着巨大的发展空间。

二、浙江省油茶产业发展现状

1. 资源现状

浙江是油茶的主要产区之一，现有油茶面积200多万亩，年产茶油约8000吨，总产值4亿元左右，集中分布在青田、常山、莲都、云和、仙居等贫困山区，其中丽水和衢州占总面积的80%，25个欠发达县占90%。油茶种类较多，而栽培历史最早、面积最大、产量最多的是普通油茶，其次是小果油茶，再次是浙江红花油茶。

2. 加工及经营现状

浙江省茶油加工是推进油茶产业化经营的关键环节，也是当前发展油茶生产的瓶颈。油茶产地多为山区，产地分散，产量不大，加之油茶的深加工提炼技术一直停滞在粗榨毛油的基础上，以作坊式生产为主，茶油大部分自产自销，多以毛油形式消费掉，综合利用更是少之又少，造成资源的严重浪费。浙江民营经济发达，一些企业陆续开始打造油茶优质品牌，开拓市场，如常山县的“常发牌”、“东茶”、“八面山”、“山神”、“旺盛”、江山的“茶之语”、文成的“山哥哥”等山茶油品牌。品牌是一个企业、一个产品的生命力所在，一个品牌的创立，不但提高了产品的质量和档次，同时也提高了油茶产品的市场知名度，促进了油茶的综合开发和经济效益的提高。

三、浙江省油茶产业发展的问题

1. 经营管理粗放，油茶产量低

由于长期失管，经营管理粗放，产量总体上偏低。据12个重点产区县、市统计，平均每年抚育油茶面积不到这些县、市油茶总面积的15.55%，致使荒芜林扩大。一般产油30~45千克/公顷。目前，浙江省绝大多数油茶林分“老、弱、病、残、劣、荒”，油茶林分品种（类型）混杂，形成数代同堂的“百花园”。全省油茶二类林分占60%以上，有的地区甚至占到80%以上，形成越不培育越低产、越低产越不培育的恶性循环。当然，这几年沉寂多年的油茶有开始复苏的迹象，因茶籽及毛油收购价格的提高，沉寂多年的油茶业如今开始“复活”，如采用优良无性系进行种植或换种，管理到位，亩产油量可达到30千克以上，效益达近千元，提高茶农的生产积极性。

2. 油茶生产经营方式落后，资源分散

目前，广大产区的乡村榨油厂（坊）液压机榨油占很大比重，用这种压榨法制取的茶油，毛油色重而混，尚需进一步精炼，同时枯饼中残油含量较高，约为茶籽的3倍，造成很大的浪费。而且油茶生产经营还处于传统的小农经济模式，由每家每户独立经营，自发和随意性很大。大多数农户以保证自家食用油为主，缺少规模经营、集约经营、商品化生产，油脂加工企业的资源难以保证，茶油加工企业难以做大做强。油茶林经营周期长，而林地、林权的稳定性差和流转难是主要制约因素之一，山林分包到户后，林地所有权复杂，经营目的多样化，难以集中成片，进行规模化生产和经营。新的林权制度改革，提高林农积极性，有望在这方面形成突破。

3. 油茶良种化应用程度较低，新的研究成果难以推广应用

浙江省各地油茶产区良种化程度普遍较低，大部分为实生林，

栽培品种混杂，品种退化严重，植株变异大，结果迟，一般栽后 4～5 年才开始开花结果，许多植株结果不良，产量低，病虫害发生猖獗，严重限制油茶生产效益的进一步增长。浙江省油茶在良种选育工作上取得了一些研究成果。浙江省林业科学研究院从 1979 年开始，历时 9 年完成，从全省 17 个县 1000 多株决选优树中，共选出 17 个优良无性系，再经过三年实地考评，最后挑出 64 个优株进行无性系测定，通过连续四年产油量及其他指标的测定，按全国油茶无性系的选择标准共筛选出 6514 等 17 个无性系具有高产、抗炭疽病和果实经济性状比较优良等共同特点，果含油率 5.5% 以上，最高达 10.42%；感病 3% 以下，四年平均亩产油达 31.35～57.30 千克，比对照增产 236.94%～480.06%，具有显著的增产效果。利用优良无性系进行低产林改造，亩产油量比对照增加 6 倍以上，经济效益显著。浙林 1 号(65－14)、浙林 2 号（9－8）通过浙江省林木良种审定；浙林 3 号（8－1)、浙林 4 号（401)、浙林 5 号（298)、浙林 6 号（203)、浙林 7 号（8－6)、浙林 8 号（12－12)、浙林 9 号（78－121)、浙林 10 号（606)、浙林 11 号（18)、浙林 12 号（23)、浙林 13 号（8－7)、浙林 14 号（75－50)、浙林 15 号（66－23)、浙林 16 号（207）通过浙江省林木良种认定。在油茶低产林改造的科研及生产实践中，总结出了采用分类改造、标本兼治及以重点解决低产、低值为主攻方向的油茶低改策略，通过低产林改造综合配套技术的应用，油茶低产林单位面积产量有了较大幅度的提高。油茶插皮接技术是浙江省林业科学研究院发明的油茶良种繁育低产林改造的关键技术。但良种化在生产中的推广应用工作进展十分缓慢，这里既有市场需求问题、生产能力问题，也有认识认知问题、重视程度问题。这些年来油茶低产林改造中，真正使用良种更新造林的面积不多，仅占油茶林总面积的 6% 左右。良种推广应用还处于不规范的自发状态，标准化没有全面实施，仍然存在不合格劣质苗木上山造林的现象。

一些先进的生产技术和科研成果，如贮藏与加工技术，综合利用技术，病虫害防治技术，无性系苗木繁育技术，无性系苗造林技术，低产林改造技术，立体经营技术，引蜂授粉技术等无法真正应用到实际生产中去。

四、促进浙江省油茶产业发展的方法途径

1. 油茶良种选育和推广

（1）重视与发掘油茶种质资源的收集、保存与利用研究。良种是根本，重视与发掘对现有育种种质资源的收集、保存与利用研究，新发现的油茶种质补充到油茶种质资源保存库中，同时加大从江西、湖南、广西等省（区）油茶优良无性系、品种的引进力度，建立健全油茶的育种群体，制定明确的育种目标，将育种工作持续地进行下去。

（2）以产量为油茶良种选育研究主要目标，同时兼顾品质。在选育高产新品系时，应侧重提高果实含油率、抗逆性品系的选育。茶油作为优质食用油，脂肪酸特性优良，在育种研究时应将营养学观点引入到选育评价中，使所选出的良种能符合市场需求。如作为高品质、高级化妆品用油时，要求更高的油酸含量，特殊的保健用油也对油脂特性或脂肪酸组成有独特要求。同时，应通过育种工作制订出科学的栽培技术规程，实现无公害或有机栽培。

（3）深入开展杂交育种，丰富油茶育种群体。在已选育出油茶良种和现保存优树，品种间的主要经济性状并不完全相同，如成熟期、含油率、花期、抗病性等，而且还有一些虽然未入选，但具有一些特殊优良的性状；同时山茶属植物中也具有许多性状优良的物种和地方品种，这些都是开展杂交育种的好材料。在选择杂交亲本时要特别注意远缘杂交和经济性状的累加或优势互补，以取得最大的杂种优势。

（4）重视油茶良种苗木繁育基地建设，健全良种推广体系。当前采用良种的油茶新造林只占油茶总面积的6%，良种化水平很低。要科学布局建立油茶良种繁育基地，一方面能收集和保存良种

资源，有利于进一步开展育种工作，以保证良种繁育工作能持续进行。同时，育种工作与生产紧密结合，能及时得到生产反馈信息，改进育种计划和方向，也能起到示范样板的作用。建立相应的技术推广机构，通过政策鼓励科研人员积极参与良种推广工作，使推广效果与利益挂钩，提高推广人员的工作积极性。研究改进苗木繁育方式，规范整顿苗木市场，建立专业良种繁育基地，严厉打击假冒伪劣产品。

2. 充分利用现有的科研成果，抓好现有油茶低产林的改造

针对不同类型油茶低产林重点采用不同的改造技术：

（1）针对植株树冠较茂盛、生长势相对可以，但产量低、果实质量差的低产林，应选择立地条件较好、植株年龄较轻（30 年以下）、生长较旺盛的林分，进行留优弃劣分散换种和隔行带状换种。

（2）针对高矮不一，疏密不均的低产林，重点采用良种苗补植品种优化改造：应用油茶芽苗嫁接技术，快速、大量地繁殖优良无性系苗木，对密度较稀的油茶林分进行补植，改善林分良种结构和单位面积产量。

（3）针对生长慢，结实晚的低产林，综合应用垦复、施肥、修剪、水土保持等措施，提高油茶集约经营水平的低产林综合改造配套技术应用。

（4）针对林冠杂乱，树体结构不良的低产林，选择立地条件较好、密度较小的油茶林分，因地制宜地套种其他经济树种，优化树种结构，提高单位面积效益。

（5）针对植物矮小、土壤裸露的低产林，往往坡度较大、生态区位要求较高，采用较为粗放、有利于水土保持和水源涵养的栽培技术，兼顾生态和经济效益。

3. 改变加工方式，提高产品附加值

通过茶籽压榨的粗茶油作为食用油，含有残留的植物碱，食用

前必须经过高温煎炸，不利于作凉拌和色拉油等。很多非产区人民就不大习惯食用这种粗茶油，而加工企业毛油都经过茶油的精炼，价格是未精炼粗茶油的 2 倍。

茶油在工业上可制取油酸及其酯类，可通过氢化制取硬化油生产肥皂和凡士林等，也可经极度氢化后水解制硬脂酸和甘油等工业原材料。茶油本身也是医药上的原料，用于制作注射用的针剂和调制各种药膏、药丸等。民间用茶油治疗烫伤和烧伤以及体癣、慢性湿疹等皮肤病。茶油还能润泽肌肤，用来擦头发，可使头发乌黑柔软。日本大岛春株式会社利用茶油能滋养皮肤，吸收对人体最有害的 290 ~ 320 纳米短波紫外线（UVB）的功能，通过精炼制作天然高级美容护肤系列化妆品，每 10 毫升售价 1950 日元，效益增加了几十倍。茶籽榨油后的枯饼，通过深加工和综合利用可提取残油、茶皂素，用细菌发酵后作高蛋白饲料，还能通过粉碎来作生物杀虫剂和机床的抛光粉等。茶壳也能提取糖醛、栲胶和木糖醇等，加工处理后可作活性炭或植物和食用菌的培养基材料。

4. 实现基地和加工一体化产业化经营

现在的油茶生产是分散在各村各户，多的数十亩，少的几分地或数十株。加工也是由农户自己在当地土榨加工，正规的油脂加工企业，要通过大面积的收购才能加工，难以形成规模的经营效益，不利于良种的推广和应用以及系列产品的深加工和综合利用。要使油茶生产从传统的小农经济经营走向以生产基地为依托、以加工企业作为龙头，实现产供销一体化的企业经营体系。

第二节　油茶良种介绍

目前适宜在浙江省内推广的油茶品种总计 31 个，现将浙林系列省级良种简介如下：

1. 浙林 1 号

中熟种，自然着果率高，大小年不明显，嫁接苗定植后 6 ~ 9

年生连续4年测定（按冠幅面积折算），年均亩产油量45.36千克。鲜果出籽率49.67%，种仁含油率49.79千克，果油率7.48%。适应南方各省（区）丘陵山地栽培。

2. 浙林2号

中熟种，自然着果率高，大小年不明显，嫁接苗定植后6~9年生连续4年测定（按冠幅面积折算），年均亩产油量43.43千克。鲜果出籽率43.88%，种仁含油率53.88%千克，果油率8.18%。适应南方各省（区）丘陵山地栽培。

3. 浙林3号

红皮球形、中熟种。嫁接苗定植后6~9年生连续4年测定（按冠幅面积折算），年均亩产油量37.02千克。经济性状优良，鲜果出籽率50.58%，出仁率65.81%，种仁含油率45.12%，果油率7.12%。适应性广，适于安吉、常山、龙游、丽水等地栽培。

4. 浙林4号

红皮球形、花期早。嫁接苗定植后6~9年生连续4年测定（按冠幅面积折算），年均亩产油量33.19千克。经济性状优良，鲜果出籽率51.91%，出仁率55.97%，种仁含油率49.05%，果油率8.03%。适于安吉、常山、龙游、丽水等地栽培。

5. 浙林5号

黄皮早熟种。嫁接苗定植后6~9年生连续4年测定（按冠幅面积折算），年均亩产油量31.35千克。经济性状优良，鲜果出籽率48.3%，出仁率55.64%，种仁含油率55.20%，果油率7.73%。树冠紧凑，内外结果性能好，适于密植，抗性强、适应性广，适于安吉、常山、龙游、丽水等地栽培。

6. 浙林6号

黄皮早熟种。嫁接苗定植后6~9年生连续4年测定（按冠幅面积折算），年均亩产油量30.58千克。经济性状优良，鲜果出籽率43.45%，出仁率52.31%，种仁含油率39.78%，果油率5.54%。树体矮小，适于密植栽培，抗性强，适于安吉、龙游、常山、丽水等地栽培。

7. 浙林7号

丰产性能好，嫁接苗定植后6～9年生连续4年测定（按冠幅面积折算），年均亩产油量57.3千克。经济性状好，鲜果出籽率46.14%，出仁率63.45%，种仁含油率57.72%，果油率10.42%。树冠紧凑、内外结果，适于密植，适于安吉、常山、衢县、丽水等地栽培。

8. 浙林8号

青皮大果、中熟种，嫁接苗定植后6～9年生连续4年测定（按冠幅面积折算），年均亩产油量39.56千克。经济性状好，鲜果出籽率50.98%，出仁率58.05%，种仁含油率45.56%，果油率6.88%。丰产性大小年不明显，抗病性强，适于安吉、常山、龙游等地栽培。

9. 浙林9号

树冠紧凑，结果性能好。嫁接苗定植后6～9年生连续4年测定（按冠幅面积折算），年均亩产油量38.39千克。鲜果出籽率43.71%，出仁率61.10%，种仁含油率55.18%，果油率8.53%。抗病性强，适于安吉、龙游、丽水等地栽培。

10. 浙林10号

树形开展，结果层厚，丰产性好。嫁接苗定植后6～9年生连续4年测定（按冠幅面积折算），年均亩产油量37.83千克。鲜果出籽率46.68%，出仁率50.94%，种仁含油率44.77%，果油率7.24%。抗病性强，适应性广，无性繁殖成活率高，适于安吉、龙游、丽水等地栽培。

11. 浙林11号

红皮中熟种。嫁接苗定植后6～9年生连续4年测定（按冠幅面积折算），年均亩产油量 35. 66 千克。果大皮薄，鲜果出籽率 37. 31%，出仁率 58. 59%，种仁含油率 50. 85%，果油率 7. 88%。抗病性强，适应性广，适于遂昌、丽水、龙游、常山等地栽培。

12. 浙林 12 号

红皮、橘形，丰产性好。嫁接苗定植后 6 ~ 9 年生连续 4 年测定（按冠幅面积折算），年均亩产油量 38. 22 千克。果皮薄，出籽率高，鲜果出籽率 52. 27%，出仁率 57. 60%，种仁含油率 49. 43%，果油率 7. 86%。适于丽水、青田、龙游、常山等地栽培。

13. 浙林 13 号

早熟种。嫁接苗定植后 6 ~ 9 年生连续 4 年测定（按冠幅面积折算），年均亩产油量 35. 48 千克。果大皮薄，出籽率高，鲜果出籽率 54. 57%，出仁率 53. 42%，种仁含油率 45. 47%，果油率 6. 6%。树体紧凑、矮小、适于密植，适于遂昌、丽水、龙游、常山等地栽培。

14. 浙林 14 号

红皮桃形、中熟种。嫁接苗定植后 6 ~ 9 年生连续 4 年测定（按冠幅面积折算），年均亩产油量 33. 29 千克。丰产性好，大小年不明显。经济性状优良，鲜果出籽率 49. 34%，出仁率 54. 30%，种仁含油率 52. 40%，果油率 9. 72%。抗炭疽病能力强，适应性广，适于常山、丽水、安吉等地栽培。

15. 浙林 15 号

早熟品种。嫁接苗定植后 6 ~ 9 年生连续 4 年测定，年均亩产油量 44. 60 千克。经济性状好，鲜果出籽率 52. 07%，出仁率 56. 75%，种仁含油率 53. 83%，果油率 10. 9%。树体矮小、枝条下垂，便于采摘，抗性好，适应性广，适于安吉、衢县、丽水、常山等地栽培。

16. 浙林16号

丰产性好，大小年不明显。嫁接苗定植后6~9年生连续4年测定，年均亩产油量35.49千克。经济性状好，种仁含油率51.0%，果油率9.09%。抗炭疽病强，适应性广，适于常山、龙游、丽水、安吉等地栽培。

第三节　油茶丰产栽培技术

一、林地选择

1. 土壤

油茶对土壤要求不高，适应性很强，能耐较瘠薄的土壤，易于丘陵和山区发展。pH值为5~6.5的酸性、微酸性的土壤为最好。土层厚度应在1米以上，少于40厘米不宜作林地。

2. 地势和坡向

（1）坡向：南坡、东南坡最好，东坡也较好，在平缓的北坡、西北坡，也可以种植。

（2）坡度：比较适宜栽种油茶的坡度，最好是在15°左右的缓坡地，不宜超过30度。

（3）海拔高度：普通油茶在200~800米生长良好，小果油茶在200~800米之间生长较好，攸县油茶在100~300米生长较好，浙江红花油茶在600~800米生长较好。

二、整地

在造林前头年冬天进行，这样有利于土壤充分风化。通过翻松土壤，加深土层厚度，改良林地土壤结构，提高蓄水能力和通气状况，改善微生物活动条件，提高土壤肥力，为油茶根系的生长发育创造良好的条件。在山地栽培条件下，整地应与水土保持相结合。整地方式可根据立地条件、地形、坡度、经营水平高低、劳力等情况，因地制宜采取全垦整地、带垦整地和块状整地的方式。坡度小于15°以下的林地，可以全垦；15°～25°可带状整地；25°以上只可穴状整地；整地时间在10月以前，整地后最好晒一个月后挖穴；穴的规格长×宽×深=70厘米×70厘米×70厘米。

三、油茶良种定植技术

（1）密度。造林密度一般株行距2米×3米，每亩111株左右。

（2）施底肥。结合整地每亩深施复合肥75千克或土杂肥2000千克，肥料与穴内底土充分拌匀。

（3）苗木选择。造林的苗木规格、苗龄，因育苗的方法不同而有差别。但用于造林的苗木一定要根系发达，长势旺盛，苗茎粗壮，苗高30厘米以上为宜，苗龄一般为2年生或1年生高15厘米以上的特优苗木。

（4）苗木品系的选择：油茶为异花授粉的树种，为提高产量，须选5个以上花期和果期一致的无性系混合配置，以利于授粉和便于采摘。

（5）栽苗。一般在雨季或雨季前夕，选择阴天或小雨天气造林为宜。栽植深度要适宜，不能埋叶或露根，根系舒展，主干正立，踩紧压实。苗木宜随起随栽，当天栽不完，必须假植；若需长途运输的苗木，应蘸黄泥浆，然后包装运输。栽苗时应块状、行状或混合状栽植，有利于授粉，提高坐果率。

四、油茶良种林分抚育管理

1. 幼林抚育

油茶从种植到开花结实，前3～4年这段时间为幼林。良种栽植后栽后40～50厘米处定杆，第一年三伏天不能进行松土除草，9月份以后除草；有条件冠外间种低矮作物与绿肥；栽植后次年春开始施追肥；定植后第一年秋天或定植后第二年春季补植。

2. 成林抚育管理

要促使大面积油茶高产稳产，就要抓好成林抚育管理。措施包括垦复、修剪、施肥、灌溉等一系列栽培管理技术。

（1）清园除杂：全面清除林内零星乔木和灌藤、茅、刺和油茶老残病虫株。

（2）调整林分：对疏密不均或过密的林分，间伐过密、弱株，林中空地则予补植。使林相整齐，分布合理，每亩调整到100株左右。

（3）垦复抚育："3年一深垦，1年一中耕"。根据山场不同情况分别采取全垦、带垦、穴垦和阶梯式垦复等不同方式，以利保持水土。缓坡全垦的油茶林地间种黄豆、花生等作物，实行以耕代抚。

（4）修剪：第一年12月至第二年3月，先剪下部，后剪中、上部；先剪冠内，后剪冠外。一般剪去干枯枝、衰老枝、下脚枝、病虫枝、隐蔽枝、蚂蚁枝、寄生枝等。对徒长枝、交叉枝视情况合理修剪。对火烧后萌发的丛生枝应以疏删为主，每蔸选留1~2根好的培养，其余砍去。

（5）施肥：主要在冬、春、夏结合垦复抚育进行。油茶成林施肥应以有机肥为主，化学肥料为辅，各种肥料配合施用，以达到高产稳产的目的。

（6）灌溉：在夏秋两季，正是油茶壮果长油阶段，迫切需要水分。应注意解决灌溉问题。

（7）断根培蔸：3月份在树冠外围挖30厘米深的窄沟，截断老残根，再复土培蔸，促其萌发众多新细根，增强根系在土壤中的吸收能力。

（8）防治病虫害：油茶病虫害的防治策略，应实行以营林措施为主综合治理的原则，这就要求加强调查研究，及时掌握情况；健全检疫制度、严格检疫工作；做好病虫害预测预报工作；认真贯彻"预防为主、综合治理"的方针。

（9）间种绿肥：油茶成林间作一般以绿肥、豆类、油菜、花生为宜。

（10）放养蜂群：油茶是异花授粉树种，主要靠昆虫传递花粉，所以在油茶花期，在林内按0.5巢箱/亩的放养量集中放养蜜蜂，随着昆虫活动的增加，其受精率也会明显提高。

五、采收

油茶果实的采收是油茶生产管理上的一个重要环节，也是油茶管理上的最后一环。采收的时间应严格掌握，不能过早，过早采收茶果没有成熟，出油率低；采收过迟，延误了季节，茶果势必脱落失散，造成损失。因此必须适时采收，除了从季节上决定成熟期外，还应当注意观察茶果成熟的特征。茶蒲已经发红或发黄，果壳微裂，籽壳变黑发亮，籽仁显油时，便已成熟。

第四节　油茶低产林改造技术

一、浙江省油茶低产原因调查

浙江省的油茶低产林主要分为5类：

1. 植物矮小、土壤裸露的低产林

这类油茶低产林大多分布在土壤比较瘠薄、坡度较陡的山区，同时由于土地投入少，据统计，各油茶产区历年垦复面积仅占1/3，荒芜面积大，所以有人说油茶是“白吃黄土，夜吃露水”，有时甚至导致颗粒无收。

2. 高矮不一，疏密不均的低产林

造成这种状况的主要原因有二个方面：一是植苗或直播造林所用种苗良莠不齐、品种混杂，质量差，保存率低；二是人畜为害，影响幼树生长和造成缺株。

3. 生长慢，结实晚的低产林

主要是由于土层浅薄、质地板结，通气透水性差，油茶根系伸展困难，生长受阻，直接影响油茶幼树地上部分生长。同时，土壤养分含量低，保水保肥和供水供肥的能力差，造成油茶林生长慢、结实晚、产量低。另外，造林质量差或造林前不整地，也是油茶幼龄成林慢、结果迟的一个原因。

4. 林冠杂乱，树体结构不良的低产林

主要两个原因：一是在油茶树冠的扩展过程中，由于失去管理或没有及时进行整形修枝，各方向枝条生长不均衡，有些枝条互相挤压重叠，而有些则非常稀疏，有空隙或废枝大量繁生，造成树冠混乱；二是由于栽培历史悠久，自然混交，造成品种混杂，年龄不一，稀密不匀，林相紊乱，老残林多，病虫害多，造成长期低产。

5. 植株树冠较茂盛、生长势相对可以，但产量低、果实质量差的低产林

主要与品种和水分供应有关。一是品种特性限制油茶产量和品质的发挥，同时七八月份正是油茶花芽分化的盛期，需要大量的水分，此时高温干旱影响水分代谢的正常进行，花芽分化减少，因而往往干果、干油，来年产量低。

二、油茶低产林改造技术

1. 垦复

地势平坦，坡度在10°以下的缓坡低产林可进行全垦，垦复后沿水平方向开挖宽40厘米，深20～30厘米的竹节沟，以拦截地表径流，防止水土流失。坡度在15°以上，株行距不整齐的低产林，可进行带垦；垦复带和留草带宽各3～5米，第2年交替垦复，即只垦复上年的留草带；垦复的深度应达到25～30厘米，以利土壤熟化。坡度在10°～15°，株行距整齐的低产林，采用撩壕垦复，增产效果尤为明显。由于沟内土壤中增加了大量有机质肥料，可诱

导油茶吸收根群至沟内，促进油茶生长发育。这样经过 2 ~ 3 轮林地垦复，全林基本相当于完成 1 次改土工程，既垦复了土壤，又增加了土壤有机质，并可较好地防止水土流失，增产效果十分明显。

2. 水土保持措施

为防止油茶林地水土流失，起到保土、保水、保肥的作用，根据林地情况，采取相应的水土保持措施。主要措施有：①沿山坡水平方向，因地制宜修筑 1 ~ 3 米宽的“水平带”，挖带时宜从上而下逐带修筑，坡度大的带面窄些，坡度小的带面可宽些；②沿山坡水平方向，每隔 8 ~ 10 米相等距离挖一条略带倾斜的拦水沟，水沟呈 1° ~ 3°顺山坡方向倾斜，沟深和宽各 50 厘米左右，挖出的泥土、石块堆放于沟沿打实，沟内每隔 5 米左右筑一个竹节状土埂；③在水平带沿、带面套种多年生或一年生绿肥或经济作物，绿肥每年收割翻压。

3. 调整密度和修剪

浙江省现有油茶密度疏密不均，稀的每亩不到 40 株，密的每亩超过 150 株。丘陵地区每亩60 ~ 70 株为宜，阳坡油茶林密度可达每亩 100 株左右。密度过大的林分要及时疏伐，淘汰低产劣株、衰老株。稀林要用二年生优良无性系补植。油茶修剪应因时因地制宜，一般掌握幼树油茶轻修剪，老龄油茶重修剪；大年油茶重修剪，小年油茶轻修剪。油茶修剪的适期以早春为佳，即 2 月下旬至 3 月上旬。

4. 嫁接换种

嫁接换种是针对油茶林中的一些低产株、病株，选用抗病高产的优良无性系进行嫁接换冠，优化油茶林分群体结构。对确定需要换冠的油茶树，在进行嫁接前的秋冬季施肥修剪一次，5 月底至 6 月底（梅雨季节），选用优良无性系当年生春梢作接穗，采用“断砧插皮接”或“嵌合枝接”进行高接换冠。一般接后 3 年恢复树冠，第 4 年达到丰产。

5. 施肥

油茶施肥应以土杂肥、有机肥为主，适当补充化肥。可作油茶肥料的有：绿肥、小灌木、杂草、生活垃圾、猪牛栏粪等。采用撩壕垦复的，将上述有机质肥料埋入壕沟内，再覆土，效果最佳；全垦或带垦的林分，将上述有机肥料撒盖在土壤表面，任其腐烂，结合垦复时深翻埋入土中，效果也很好。成年树一般每株每年施有机土杂肥 25～50 千克。施有机土杂肥全年都可进行，但以冬春进行更好。对于产量在 300 千克/公顷以上的丰产林，应于每年的 5～6 月份，追施长果肥，以满足果实生长发育和花芽分化对养分的需要。长果肥以速效氮肥为主，适当配以磷钾肥。一般株施复合肥 0.3～0.5 千克，或尿素、氯化钾、钙镁磷肥各 0.3 千克。追肥采用沟施，在树冠外围开 20 锄深沟，施肥后及时覆土。

第十三章　珍稀菌类栽培技术

浙江省农业科学院研究员　蔡为明

第一节　灵芝栽培技术

一、概述

灵芝（Ganoderma lucidum），又名灵芝草，仙草，神草，瑞草，丹芝，神芝，万年蕈等。在分类学上属于菌物界，担子菌门，伞菌纲，多孔菌目，灵芝科。灵芝属内在全世界已知的有250多种，我国灵芝科已知有98种，广泛分布于各地，比较常见而著名的除赤灵芝外，还有紫灵芝，松杉灵芝，黑灵芝，白灵芝（雪芝），黄灵芝，紫光灵芝等，这些灵芝的成分与疗效极为相近。

灵芝在我国已有两千多年的药用历史，药用价值很高。据分析，子实体内含有甘露醇、腺嘌呤、尿嘧啶、尿嘧啶核苷、麦角固醇、腺嘌呤核苷、硬脂酸、苯甲酸、海藻糖、虫漆酸及多种氨基酸和大量的酶。由于这些珍贵成分的存在及其药理作用与临床应用证明，灵芝是滋补强壮，扶正固本的珍贵中药材。具有“入心生血，助心充脉”，“补肝气”，“益肺气”，“益精气”，“益脾气”等功效。

灵芝原为野生，后经人工组织分离得到纯种进行人工段木栽培，近年来采用锯木屑、棉籽壳、甘蔗渣等原料进行人工代料栽培，因其成本低、工序少、生产周期短、产量高，经济效益好而得到迅速发展。在一般情况下，灵芝人工代料栽培从接种到采收需

80天左右，100千克干料可收干灵芝5～7千克。

二、灵芝的形态结构

灵芝可分为菌丝体和子实体两大部分。

1. 菌丝体

灵芝的菌丝呈无色透明、壁薄、原生质浓而均匀，直径为1～3微米，不同部位的细胞有着形态结构上的差异，最窄的菌丝尖端只有1微米，是最活跃的部位。

2. 子实体

子实体由菌柄、菌盖和子实层三部分组成。菌柄位于菌伞的下方，一般长2～6厘米，呈不规则的圆柱形。菌盖为扇形、肾形、半圆形或椭圆形，盖宽3～20厘米，表面有环状棱纹和辐射状皱纹，其背面是多孔的子实层。子实体的初期是白色至浅黄色，成熟后的灵芝子实体逐渐呈紫、褐、赤等颜色。子实体的形状、颜色视培养条件的不同而有所不同。成熟后的灵芝子实体呈木质化，为木栓质，表面光滑而具明亮的光泽。灵芝子实体生长到一定阶段可从背面的菌孔中散发孢子，成熟的灵芝孢子呈卵形、棕色或褐色，双层细胞壁，细胞壁成分是由几丁质（几丁聚糖）组成，结构似纤维素，外层无色，表面光滑。在高倍显微镜下观察灵芝孢子的形态，可见其外形呈椭圆体状，顶端钝圆或截形，棕色或褐色。由外到内结构依次为：

①外膜，膜上含有丰富有效成分；

②孢子壁，由内板与外板组成，壁上有许多萌发孔；

③孢子内容物，呈滴油状。

三、生活条件

灵芝在生长发育过程中需要的生活条件主要有营养、温度、水分、空气、光照和酸碱度等。

1. 营养

灵芝是一种木腐菌，自然界生长的灵芝多在夏秋雨季生于树林内枯木朽树之上，对木质素、纤维素、半纤维素、淀粉、果胶质等复杂有机物质具有较强的分解和吸收能力，所以很多阔叶树的段木及锯木屑、棉籽壳、玉米芯、棉花秆、甘蔗渣、玉米芯粉、稻草粉等均可用做灵芝的栽培料。用以上原料栽培灵芝一般不需要再添加大量的辅料即可生长，但为了提高产品的质量和档次，获得较高的经济效益，在人工代料栽培中还要添加少量的营养物质，如麦麸、米糠、玉米粉等含氮物质以及少量的矿质营养和 B 族维生素，以满足灵芝生长发育对营养的需求。

2. 温度

灵芝属中高温型真菌，在生长发育过程中要求较高温度。菌丝生长范围是 8～35℃，最适温度为 25～28℃，子实体原基形成和生长发育的温度范围为 10～30℃，最适为 25～28℃。如长期在低于 20℃或高于 35℃的条件下培养，培养料表面菌丝会萎缩变黄，子实体过早僵化，产量降低，品质也差。

3. 湿度

灵芝培养料的适宜含水量为 60%～70%，低于 30% 时菌丝不能生长，菌丝生长期间，空气相对湿度应控制在 65%～70%。在子实体生长发育阶段，空气相对湿度应控制在 90%～95%，若低于 60% 2～3 天以上，幼嫩子实体就会由白色变为灰色，幼嫩组织不规则枯死而形成畸形子实体，严重时导致幼嫩子实体枯萎死亡。在室内或塑料棚内栽培时还要处理好通风与湿度的关系。

4. 空气

灵芝是好气性真菌，需要进行有氧呼吸。在子实体生长发育中氧气充足，子实体易分化开片、柄短、盖厚、圆整，商品价值高；通风不良，二氧化碳浓度过高会影响子实体正常发育，当空气中二氧化碳浓度达 0.1% 时，促进菌柄发育而抑制菌盖生长，含量达

0.1%～1.0%时，导致灵芝呈鹿角状分枝或甚至不长菌盖，含量超过1%时，子实体不能进行正常发育，无组织分化，形不成皮壳。所以在室内栽培时，子实体生长期间必须加强通风。

5. 光线

灵芝生长发育阶段不同，对光照的要求也不同。菌丝可以在完全黑暗或弱光条件下生长，强光可明显抑制菌丝生长。而菌蕾分化阶段，需要一定的散射光，子实体生长对光照十分敏感，光线不足子实体细小，盖薄且无光泽，若无光照子实体难以形成，即使形成了，生长速度很慢或形成畸形，灵芝生长发育需1000～2000勒的光照。

灵芝子实体具有明显的趋光性，如光线从单一方向来，菌盖生长倾向光源一边，如光源方向经常变化或瓶袋多次搬动则易造成畸形菌盖。所以在人工栽培时，给培养室充足的光照，才能得到生长速度快，菌柄粗壮，菌盖发育良好的子实体。也可通过调整光线强度和光照方向对灵芝进行定向和定型培养，以培养出不同形态的灵芝盆景和瓶景供作观赏。

6. 酸碱度（pH值）

灵芝喜欢在偏酸的培养基上生长，培养基pH值在3.0～7.5范围内菌丝均能生长，最适宜的pH值为5.0～6.0。pH值在3以下，菌丝生长细弱，不易形成菌蕾，pH值在8.0以上。菌丝易提前老化，甚至萎缩。

四、灵芝的段木栽培技术

段木栽培灵芝是传统的栽培方法，有生段木栽培和熟段木栽培两种，又以熟段木栽培成品率高、转化率高、技术风险小。生段木栽培灵芝是用未经灭菌的段木直接接种培养，又称长段木栽培（长1～1.2米），熟段木栽培又称短段木栽培，是近年来广泛采用的将段木截成短段（长28～30厘米或15～18厘米），灭菌后再接种培养，覆土的栽培方法，转化率高，质量好，是一个值得推广的方法。这里介绍灵芝熟段木栽培技术，简称灵芝段木栽培技术。

1. 选择树种、适时伐木

大多阔叶树种都可用来栽培灵芝。主要有壳斗科的栲属、栎属、栗属，金楼梅科的枫香属，杜英科的杜英属等，如苦槠、锥栗、麻栎、枫香等。一般在立冬后至立春前（11 月中上旬至翌年 2 月中下旬前）完成伐木，木段直径 6 ~ 22 厘米，以 8 ~ 18 厘米为好。伐木及运输过程中注意不使树皮受损，堆放在制袋场阴凉处，严防暴晒开裂。

2. 截段装袋灭菌

（1）截段：木材的截段工作在装袋、灭菌前 1 ~ 2 天进行。截段前削去枝桠，使表面光滑以免刺破塑料袋，横排覆土栽培的段木截成 28 ~ 30 厘米长，竖立覆土栽培的段木截成 15 ~ 18 厘米长。截段时断面要求平滑，用刀斧刮去断面边缘的毛刺，以免刺破塑料袋。新采伐、含水量高的段木，可在截段后晾 2 ~ 3 天，至截面中心有 1 ~ 2 毫米小裂痕（此时含水量为35% ~ 45%）时装袋；如段木放置时间长、过干时，可浸水1 ~ 2 小时后装袋。直径 15 ~ 22 厘米的段木，每段装一个塑料袋，过粗的段木可劈开后装袋以加快菌丝长满段木的速度。直径6 ~ 10 厘米的段木，可捆扎在一起装袋，捆扎时需注意段面平整，避免装袋时刺破塑料袋。也可用枝桠捆扎成 20 ~ 25 厘米的“段木捆”装袋。

（2）填充用培养料制备：填充“段木捆”用培养料配方可采用香菇栽培配方，杂木屑 78%，麸皮 20%，糖 1%，石膏 1%；或杂木屑 78%，麸皮 15%，玉米粉 5%，糖 1%，石膏 1%；含水量一般为 58% ~ 60%，可根据段木的含水量不同进行适当调节，段木含水量不足时，可适当调高填充培养料含水量，反之适当降低填充料培养料含水量。

（3）装袋：用 0. 07 厘米 厚的聚乙烯袋，直径 15 ~ 22 厘米的段木，每段装一个塑料袋；需填充料“段木捆”装袋时，先在袋底铺一层填充培养料，再装入“段木捆”，然后再用填充培养料填充间隙及表面。装袋后，清理袋口，用绳子扎口或用颈圈与棉塞封口。

（4）灭菌：一般用常压灭菌法灭菌，常压灭菌 100℃保持 10 小时以上，灭菌后不要马上打开灶门，让其自然降温，待温度降至 40～45℃时出灶。

3. 接种

待料段温度降至 30℃左右时可接种，不宜放置时间过长过冷时接种。以选择晴天接种为宜，接种前将经灭菌的料段搬入经清洁消毒的接种室，用气雾消毒剂消毒后，按照无菌操作要求进行接种，28～30 厘米长的段木一般需两端接种，15～18 厘米长的段木可一端接种。接种时需要注意的是每根段木上都要接上菌种，稍加压实，使菌种紧贴在段木表面。每根段木的接种量为 5～10 克。接好后袋口仍需束拢、扎紧。如发现塑料袋破损，应及时经灭菌的备用袋或贴上胶布，及时送入培养室发菌。搬移、叠放菌袋时采用合适的塑料筐，做到轻拿轻放，以免导致袋膜破损而感染杂菌。

4. 发菌培养

接种好的菌袋应放在通风、保温、遮光、清洁卫生的室内培养，气温低时菌袋可 8～10 层墙式码放，高不超过 1.6 米，以利加温；气温高时应减少码放层数，长菌袋可用井字形堆放，以利散热；堆间留 0.5 米宽的通道，以利于通风和检查发菌情况。菌袋叠好后覆膜保温保湿发菌，但需留一定的通气空隙。接种后培养温度以控制在 20～22℃为宜，一周后逐渐升到 22～26℃，有利菌丝生长，一般 7 天左右菌丝可联结成片，20～30 天可长满整个段木表面，一般 60～70 天可完成发菌。

根据发菌需要的环境条件，采用遮光、加温、翻堆、通风降温等措施对培养室环境进行调控。随着菌丝大量生长产生热量，室内温度也会升高，这时应采取各种措施调控温度，需加强通风或降温。同时随着菌丝生长量增加，呼吸量的不断加大，菌袋内氧气减少，袋壁水珠增多，当菌丝在断面上形成菌被时，结合室内喷雾消毒，可微松开袋口，排除水气，增加氧气，保持段木表面稍干状态，促进菌丝伸入木质部向切向生长蔓延，积累更多营养。这种排湿、增氧，促进菌丝向段木内生长的管理措施，每 10 天进行 1 次。若袋底积水，可用消毒的注射器将积水抽出，并用透明胶带封贴针孔。在培养过程中，需通过翻堆调换菌袋上下、内外位置，使菌袋发菌均匀，并及时发现处理感染杂菌的菌袋。

优良菌材的标志：短段菌木间连接紧密难以分开，表面无污染，横断面出现红褐色菌被。用手重压，短段菌材有弹性感，菌材重量减轻，在原短段劈开可见木质部有菌丝长入，呈淡米黄色，少数菌木现原基。

5. 建棚与排场覆土

（1）整地建棚：选排水好、地势高燥开阔，通风良好，排灌方便的田块作出芝场，最好选择未栽种过灵芝的生地作为出芝场，已栽种过灵芝的田块，需种植一季以上水稻后才能用于栽培灵芝。选出芝场后，需深翻暴晒，按东西走向整畦，畦宽 1.5 米，高 20 厘米，畦间走道 30 厘米，四周开 20 厘米的排灌沟，并撒灭虫药，防虫为害，每 3 畦搭建 1 个塑料大棚，棚高 2 米，离棚顶 20 厘米再架平棚，上覆遮阳度为 80% 的遮阳网；或采用棚顶设有遮阳层的连栋大棚栽培。

也可根据海拔与地势高低、生产规模与条件等情况，因地适宜，搭建中、小拱棚栽培：中、小拱棚外加遮阴棚，遮阴棚顶铺设带叶枝材、芒草等不易腐烂遮阴材料；建棚时，棚顶可多放些枝材、芒草，以便根据季节调控遮阴度；棚四周围用遮阳网或草帘。可根据情况搭设中拱棚和小拱棚，出芝拱棚的合理长度为 8 ~ 10 米。此种栽培模式为灵芝子实体生长提供一个防雨、防晒、保湿、通气、可调控光照及温度的环境条件，并有利于病虫害的防治。中拱棚保温性好，管理方便，适合夏季凉爽的中高海拔地区使用；小拱棚保湿性好，降温性能优，适合于夏季气候炎热的低海拔地区使用。

（2）菌木完全脱袋排放覆土：菌袋内长满菌丝的段木，断面出现红褐色菌被，菌材表面有弹性感和少量菌材出现原基突起，在气温达20℃以上时，选晴天将菌材从袋中取出，畦上开浅沟，将长菌木横放、短菌木竖立放入沟中，菌木排放时既要充分利用床面空间，又要防止相邻的菌木生长的子实体相互接触。一般菌木间距为5~10厘米，行距为20~25厘米，一般每亩排放菌木1.3万~2万千克。菌木排放后填土覆盖1~2厘米厚的土，土壤保持湿润状态，以“手握成团，放手能撒”为度，切忌过湿积水。

（3）短菌木不完全脱袋排放覆土：竖立排放的短菌木，在菌棒下部1/3处割去下部塑料袋，四周填土至菌木上端面平至略高，不完全脱袋覆土，既能保持菌木水分，减少病虫害的发生，又有利于菌木吸收土壤中的水分与养分。覆土一周后，菌丝全部恢复生长，即可剪口，从袋口扎绳处将袋口剪下，但不可把袋口全部剪下，应保留袋口折痕，以减少袋内菌木水分蒸发，有利于每个菌木长出1~2个优质灵芝。

6. 出芝管理

（1）出芝期的温湿气管理：灵芝子实体形成最适温度25~28℃，空气湿度要求90%~95%。春末夏初，气温较低，空气湿度较高，菌材埋土后应以保温为主。前期大棚顶遮盖物要稀些，以增加光照量，利用太阳能加温，并覆盖薄膜使畦内温度保持在25℃左右，每隔3~4天于晴天下午适当通风一次，并轻喷雾状水，保持土壤湿度约50%，空气湿度在80%以上。现原基后，温度要求28℃左右，空气湿度90%左右，使子实体健壮生长。八九月份，气温高，日照强，要加盖大棚顶覆盖物，达到“八阴二阳”，降低灵芝场的温度。要经常向空间喷雾水降低气温，使空气湿度达90%以上。打开畦小拱棚两端薄膜，畦两侧的薄膜上卷离畦面6~

8 厘米，以利通风降温和降低膜内 CO_2 浓度，防止子实体畸形。每潮灵芝采后，要停止喷水 1 ~ 2 天，促使菌丝恢复生长。秋末，气温逐渐下降，气候干燥，应拉稀棚顶遮盖物，确保“七阴三阳”，并增加喷雾水次数。冬季要做好防冻、防水浸、防白蚁为害等工作。

（2）疏芝、嫁接、整芝：有时一个灵芝原基会分化多个芝柄、一根菌棒分化 2 个以上原基并都分化形成芝柄的，要进行疏芝，以提高灵芝质量，一般 30 厘米长的菌木每段留 1 ~ 2 朵灵芝，15 厘米长的菌木每段留 1 朵灵芝。对没有出芝的芝棒，可用疏去的芝芽进行嫁接，嫁接时，用利刀把芝芽削成楔形，插于菌木顶部的树皮与木质部之间的菌丝层内，同时用力稍按楔形芝芽两侧的菌木使芝芽固定。对生长过快的芝柄可以留3 ~ 5 厘米长，将其余部分剪去，供嫁接利用。随着芝盖的生长，芝盖间距缩小，若相邻灵芝间距过近，可用小树枝等将菌柄轻轻撑开，以减少相互粘连，使长成单柄优质灵芝。

7. 灵芝孢子粉收集和子实体的采收

（1）灵芝孢子粉的收集与加工

① 孢子粉的收集。在芝盖的形成过程中，孢子在菌管中也发育成熟。子实层初期为米黄色，菌孔处于封闭状态，到末期逐渐转变成黄褐色，菌孔张开（接种后 50 ~ 70 天），成熟孢子便从菌孔中散发出来（晴天利用光束可见到孢子散发现象），这时瓶肩上有棕色的粉末，这就是孢子。说明子实体已进入繁殖阶段，正是套袋收集孢子的最好时机。收集技术，因栽培方式而有所不同，这里主要介绍段木畦栽灵芝的孢子收集方法。

首先要制作套筒，取油光纸，切成（17 ~ 18）厘米 ×（24 ~ 26）厘米，用订书机将油光纸两端连接，制成直径约 17 厘米的圆筒。套筒时机应掌握在灵芝白边消失，停止向外扩张而生长转向增厚时进行套筒，过早会导致形成畸形芝，一般是掌握在孢子弹射 4 ~ 5 天，开始进入弹射的旺盛期套筒，这时收集的孢子已成熟，颗粒饱满，质量好。套筒前，将畦面泥土抹平，压实，适当向芝盖喷雾水，以冲去积在上面的泥沙和杂质，防止收集孢子粉时被混入。套筒时，先在抹平压实的畦面上铺一张洁净的薄膜，与地面泥沙隔离，在这层垫底薄膜上再铺一层接粉薄膜，接孢子粉薄膜要比套筒口周边大2~3厘米，以便于取粉。用套筒将灵芝逐个套住，套筒的下口与接孢子粉薄膜相连，筒顶口加盖硬纸板，在相对密封的条件下接受弹射孢子。套筒口盖好硬纸板后，分畦弓插竹片搭小拱棚，棚上覆盖薄膜，要注意薄膜不能漏水，以免水滴流入套筒，引起孢子粉结块。除气温偏高需掀开棚两端薄膜，以防风吹掉桶口盖板，影响采孢子粉。

采孢子粉与灵芝采收同时进行，时间不宜过早，或过迟。早了会影响灵芝与孢子产量；迟了灵芝生长进入衰退期，孢子颗粒不饱满，灵芝底色也会变差，影响质量。采集孢子粉时，先将筒口的盖板和套筒上的孢子粉刷一下，然后一手握住灵芝柄，将灵芝剪下，刷下芝盖上的孢子粉，并将灵芝倒置在筛子上准备烘或晒干。这时要十分注意，不能让孢子粉沾染芝盖的反面。最后小心提起畦上接孢子粉的薄膜，把孢子粉刷下，注意不可让泥沙等杂质混入。

② 孢子粉的干燥加工。采收的孢子粉含有一定水分，必须及时进行干燥处理，遇阴雨天，要及时摊晾，不可堆积在一起，以免发酵变质。干燥的方法有烘干或晒干。由于孢子粉颗粒微小，比重很轻，很容易随气流和微风飘走。所以在进行晒干时，要选避风向阳的水泥场地，或在无风的时间进行晒干。无论是晒干或烘干，一定要清洁的场地，用清洁的工具，并用清洁光滑的纸张作垫，切不可用报纸作垫，以免报纸上的铅污染孢子。干后过100目筛，装入塑料袋密封待售。在采收孢子粉的同时，子实体也随即采下，剪去基部白色部分及带培养基的根，晒干后用塑料袋封装待售。

（2）子实体的采收与加工：当芝盖边缘的白色生长圈消失并转为红褐色，芝盖正面的颜色逐渐加深，由淡黄褐色转为深褐色，芝盖不再增大开始木质化，并有褐色孢子粉弹射时，说明子实体已成熟，应及时采收。从芝盖分化形成到采收约20天。

① 子实体的采收。采收时可用手捏住芝柄基部轻轻扭转摘下，也可借助工具如用果树剪从基部剪下。采收后要挖除残根，否则很快会从老根上长出朵形很小或畸形灵芝。代料栽培的结合清理料面，要进行搔菌，清除料面老菌皮，停止喷水，使空气湿度降到70%左右，温度仍保持25～28℃，保持空气新鲜，避光养菌，2天后再进行水分管理，约一周后又可现蕾出第2潮芝，一般可出3潮芝，第2潮与第3潮芝之间约相隔15天。

② 子实体的干燥。采收的鲜芝不可用水清洗，若有泥土等污物，可用毛刷轻轻清除，并剪去带土的柄基部。单个排列晒干或烘干。一般是采用先晒后烘，因夏季阳光强烈，选单个排在竹筛上暴晒1～2天，然后再在55～65℃的烘房里烘1～2小时，如果是全靠日晒，应经常翻动芝体，一般晒4～5天即可。直接烘干，烘房温度要先低后高，由40℃起烘，逐渐升到65℃，需烘12小时左右。若有条件，用红外烘干机烘干，成品质量更好。含水量要求为11%～12%。最后按收购标准剪柄、分级，用塑料袋包装出售。

③ 子实体的分级。目前我国对灵芝产品还没有一个统一的分级标准，以下介绍的是胡旦生（1995）根据近年我国出口韩国、日本等国的段木赤灵芝分级和检验标准提出的划分方法，仅供参改。

标准：足干（含水分12%），单朵（含相距近又圆正的连朵），无泥沙杂质，无霉变；芝盖比较圆正肥厚美观，边缘（生长点）和中心色泽一致呈棕褐色，表面附着孢子粉，菌管蛋黄色或乳白色；芝柄粗壮，呈暗褐色，有光泽，长度不超过2厘米；整朵无疤痕、病斑、虫蛀。

一级：盖径7厘米以上，厚1厘米以上。

二级：盖径7厘米以下5厘米以上，厚0.8厘米以上。

三级：盖径5厘米以下3厘米以上，厚0.6厘米以上。

等外：盖径3厘米以下，厚0.5厘米左右（包括部分畸形、色泽较差和大薄片芝）。

五、灵芝主要病虫害防控技术

在食药用真菌的栽培中，灵芝的病虫为害发生相对讲比较少，但发生病虫害仍会影响灵芝的产量和质量，发生严重为害时，会导致减产，甚至绝收。因此，在生产过程中，应重视病虫害的预防，尽可能把病虫的为害减少到最低程度，一旦发生了病虫为害，要及时采取相应措施，以保证产品的优质高产丰收，提高经济效益。灵芝菌材培养期间，最常见的病害是木霉、青霉、链孢霉、截头炭团菌等。菌材埋土出芝期间，最常见的病害有葡枝根霉、黑发菌和树状轮枝孢霉等。段木栽培灵芝的主要害虫有：紫跳虫、野蛞蝓、小地考虑、农白蚁、黑翅土白蚁、嗜菇瘿蚊、鼠妇、膜喙扁蝽及仓库害虫灵芝谷蛾等。

第二节　蛹虫草栽培技术

一、概述

蛹虫草为虫草属的模式种，又称北冬虫夏草或北虫草。目前人工栽培蛹虫草已陆续获得成功，并能进行常年的工厂化生产，蛹虫草治病强身的医疗保健功能和天然冬虫夏草相似，含有蛋白质、维生素、微量元素、虫草素、虫草酸、虫草多糖、SOD 酶等成分。经对蛹虫草及其液体发酵菌丝体的理化及临床研究证明，人工栽培的蛹虫草及其菌丝体可以替代天然冬虫夏草，有重要的保健、医药和经济价值。为了尽快开发人工栽培的蛹虫草，已研制出系列营养保健品，如北冬虫夏草液出口到日本、东南亚等地；研制的北冬虫夏草补酒出口到韩国、日本等国。研制的虫草活力素、虫草茶、虫草饮料等新产品，以及虫草活力霜、虫草精华素、虫草洗面液、虫草止痒露等，已陆续投放国内外市场，深受消费者喜爱。

二、蛹虫草的形态结构

蛹虫草和冬虫夏草为同属不同种，二者在形态上很相似，它是蛹虫草真菌寄生在鳞翅目夜蛾科昆虫蛹体上形成的子实体与蛹体的结合体。子实体单生或数个一起从寄主蛹虫的头部或节部长出，颜色为橘黄或橘红色，全长2～8厘米，头部椭圆形，长1～2厘米，粗2～9毫米；柄长1.5～3.5厘米，粗1～3毫米，颜色为浅黄色。

三、生活史

蛹虫草的子囊孢子呈线状，在大自然中借风力传播到寄主昆虫体上，孢子萌发长出芽管，侵入昆虫体内发育成白色棉絮状菌丝，破坏虫体内组织，再蔓延生长一对短小椭圆形，尖端有突起的分生孢子梗，顶端着生无色，卵圆形的分生孢子。分生孢子又传到其他虫体上反复侵染，当孢子梗不再产生分生孢子时，虫体内的菌丝继续生长，进入有性阶段，蛹体变成一个坚硬的黑褐色菌核，到8月上旬气候条件适宜时，在菌核上长出子座。内有子囊壳埋生于寄主组织内，孔口露于表面，子囊壳内产生子囊，每个子囊内产生8个子囊孢子，线状，借风力再传播，如此反复循环侵染。

四、生活条件

人工培养蛹虫草生长条件如下：

1. 营养

北虫草为兼性腐生菌。营养生理实验表明，以甘露醇为碳源，牛肉膏为氮源时，菌丝生长既快又好。北虫草可用多种昆虫的蛹和幼虫或大米饭培育，在以大米饭为基本成分时，添加动物性氮源（如蚕蛹粉），使之营养更为丰富时，形成子实体快而多。

2. 温度

北虫草孢子释放适宜温度为22～26℃。菌丝在8～30℃能发育生长，最适温度18～25 ℃。8～15 ℃生长较慢，26～30 ℃菌丝生长快，但长势弱；30 ℃以上菌丝生长慢或不能生长。菌核形成的适宜温度10～20 ℃，子实体形成和生长发育温度为10～25 ℃，适宜温度18～23 ℃。北虫草培育应保持恒温管理，只在原基分化期才给予较大的温差刺激。

3. 湿度

培养基含水量60%～63%适于菌丝生长。菌丝培养期间，室内相对湿度应保持在65%～68%；子实体生长期间，室内湿度应提高到90%～95%。

4. 光照

菌丝在黑暗条件下比有散射光时生长旺盛。原基形成和子座生长需要较明亮的散射光，要求保持光照度在100～200勒。在完全黑暗的情况下，气生菌丝较旺盛，出现冒菌丝现象；而日夜连续光照则会阻碍子座的分化进程。

5. 空气

子实体生长期间要保持良好通风，室内二氧化碳浓度含量超过1%，不能正常分化子座，而往往出现密度很大、子座纤细的畸形子实体。

6. 酸碱度

菌丝在pH值5～8范围内均能生长，以5.4～6.8为适宜。

五、蛹虫草人工栽培技术

1. 选择优良菌种

选择抗逆性强、生长旺盛、容易出草、出草均匀、转化率高、出草快的菌种，优良蛹虫草母种外观应为：菌丝粗壮、萌发力强、试管斜面为白色绒毛状菌丝，有浅黄色色素产生。

2. 栽培季节

北虫草从10月至翌年5月均可进行生产，一般可安排2批次生产。由于温度高于30 ℃时虫草菌丝会出现自溶现象，所以采收期尽量不要安排在6月份以后。

3. 培养基配方

①新鲜大米90%，蚕蛹粉5%，蛋白质2.5%，葡萄糖2%，磷酸二氢钾0.5%；

②新鲜大米56.8%，麦麸20%，玉米粉10%，细米糠6%，蚕蛹粉5%，糖2%，尿素0.1%，硫酸镁0.1%，维生素B_1 0.005%。

③新鲜大米94.5%，蚕蛹粉3%，磷酸二氢钾0.5%，葡萄糖2%，维生素B_1 0.005%。

蚕蛹粉要求新鲜，无霉变、变质；大米应籽粒饱满、新鲜无霉，用前浸泡5～6小时或煮至半熟。将培养料充分拌匀，含水量60%～63%，pH值6.0～6.5。

4. 装瓶灭菌接种

每罐头瓶装量1/4～1/3，薄膜封口，高压或常压灭菌，灭菌要求彻底，采用常压灶进行灭菌，在100 ℃，维持8～10小时，闷灶4～6小时后出灶，进冷却室后在无菌条件下通过无菌操作接入已事先制备好的固体或液体菌种。

5. 发菌管理

发菌阶段温度控制在，湿度在60%～65%，黑暗条件下大约经过9～15天，菌丝即发满全盆，此时可以转入出草管理。

蛹虫草菌丝生长的适宜温度为15～25℃，应控制室内温度不高于25℃，不低于10℃，最好控制在18～20 ℃。室内湿度控制在60%～70%，过湿易滋生杂菌，过干容易使瓶内的水分慢慢蒸发失水。接种后前1周可不通风，以后每天通风换气1～2次，菌丝生长阶段不需要光线，要黑暗培养。采用液体菌种接种，一般9～15天长满瓶，采用固体菌种则需25～30天长满瓶。

6. 出草管理

菌丝长满瓶后，可转入出草管理。

（1）催蕾。在催蕾过程中，需控制好出草室的光照、温度、湿度等。要想使原基分化快速、整齐，首先是要加强光照，光照时间每天保持14~16小时。室内温度一般控制在18~22℃，但须拉大昼夜温差，范围掌握在4~8℃。湿度不能过大，控制在65%~70%，以免气生菌丝徒长而影响分化；另外，还需用粗针或牙签在封口薄膜上扎2~3个小孔，以保证瓶内外空气交换，补充适当的氧气。管理得当，3~5天后菌丝即可由白色转变为橘黄色，随后在培养料表面逐渐形成橘黄色的菌丝团，再经约7天，菌丝团快速分化，形成大量橘红色小原基。原基分化完成后，催蕾过程即告结束。

（2）子实体生长管理。当原基分化完成后，需将光照时间缩短至每日12小时，由于子实体生长向光性强，料面受光强度需保持均匀，以免子实体生长弯曲，如果出现子实体向一边倒，应调整室内光源方向；适时调整室内空气相对湿度，湿度管理不当易致气生菌丝徒长。初期将湿度控制在80%左右，待子实体生长长度超过周围菌丝表面后，将空气相对湿度增大到90%。在整个生长过程中，不需要去掉封口薄膜，当蛹虫草长到2厘米高，用粗针或牙签在封口薄膜上扎5~8个小孔，逐渐加强瓶内外空气流通交换。子实体生长阶段温度保持在19~23℃为宜。

7. 采收与加工

当子实体长至5~8厘米长时，子座表面有橘黄色粉状物出现，即表示北虫草已成熟，应及时采收。采收时，去掉封口薄膜，用带弯头的小铁铲将子座连同培养基一同取出，再从子座根部剪断。采下的北虫草按标准分级，用干燥设备烘烤，烘干后及时销售，保存。北虫草正品标准，一般是粗细均匀，长度在5厘米以上，颜色橘黄或金黄色，水分低于13%，无边皮碎料。应放在干燥凉爽处避光保存。

第三节　竹荪栽培技术

竹荪被誉为“真菌皇后”，是我国名贵的食用菌之一。竹荪有很高的营养价值，它含有21种氨基酸，其中含有人体内不能合成，而又不可缺少的8种必需氨基酸及多种矿物质元素、维生素和酶，是优良的植物蛋白源和营养源。竹荪又有较高的药用价值，具有人参的补益功效和生理碱性食品的功能，长期食用对肥胖症、糖尿病、高血压、高胆固醇有较好疗效。竹荪中所含有的活性物质——竹荪多糖体，能解除和控制癌细胞扩散，长期食用还具有防癌抗癌作用。

一般春季即2月底至3月初开始接种，经3个月的培养发菌，到6月份后便进入收获期，亩产干品60～100千克。近年来，由于竹荪栽培生产周期短、产量高、效益好，现已成为农村脱贫致富的新项目。

一、竹荪的性状特征

竹荪分为菌丝体和子实体两个生长阶段，竹荪的菌丝体为营养生长阶段，子实体为生殖生长阶段。菌裙的长度超过菌柄的1/2为长裙竹荪，不足1/3的为短裙竹荪。若菌托是红色称红托竹荪，云和属红托长裙竹荪。

二、竹荪对生活条件的要求

竹荪具有喜温、喜湿、喜荫的特点，又有怕高温怕水渍，怕强光的生活特征。

1. 营养

竹荪属腐生菌，菌丝能分泌出多种酶类，分解竹屑、木料、蔗渣、玉米秆等培养料的纤维素及其他物质，并吸收其营养为自身所用，其所需主要的营养物质是碳和氮，以及磷、钾、钙、镁等矿物质。

2. 温度

竹荪属中温型真菌，在适温环境下酶活性提高，生理活动旺盛，温度过高或过低，则使酶活性降低，在高温条件下会导致菌丝细胞生理失调而死亡，因此，竹荪耐低温怕高温。竹荪菌丝生长温度范围在8～32℃，以20～28℃为最适宜，30℃以上生长缓慢，发黄，老化；35℃以上会萎缩，腐烂，死亡。竹荪菌蕾形成与生长范围在10～30℃，以22℃左右为宜，开伞以20～25℃最适，低于17℃菌蕾生长缓慢。

3. 湿度

竹荪菌丝生长要求低湿，培养基含水量和土壤湿度要以60%～65%为好，低于30%菌丝容易死亡，过湿透气性差会窒息而死亡。子实体生长期，要求高湿，空气相对湿度80%以上为好，特别是破蕾开伞放裙时，要求空气相对湿度在90%以上，低于80%菌裙很难开伞下垂，易呈畸形，甚至难以破蕾，造成次劣产品。

4. 光照

竹荪喜荫，菌丝在黑暗的环境下白色健壮，光照对菌丝有抑制作用，并易引起水分蒸发降低空气湿度，影响菌丝生长，变色老化；菌蕾的中后期如遇强光会枯萎，但散射光对子实体形成有促进作用。

5. 空气

竹荪是好气性真菌。在各个生长时期都需要足够的氧气，特别是菌蕾原基形成与子实体生长发育阶段更需足够的氧气。

6. 酸碱度（pH值）

竹荪喜长在偏酸性的环境中，菌丝体生长时pH值以5～6为宜，子实体生长时以4.5～5.5为宜，pH值超过7.5以上会影响生长。所以，栽培场地最好是土质较疏松、富含腐殖质、偏酸性的沙质壤土。

三、栽培技术

1. 原料选择

栽培竹荪的原料有六大类：

(1) 竹类：不论大小、新旧、生死竹子的根、叶、枝、片、屑、茎以及竹器加工厂下脚料等均可利用；

(2) 木类：不含香油脂的阔叶树枝、木制玩具木屑均可利用；

(3) 秸秆类：除稻草、麦秆外，豆秆、棉花秆、玉米秆、甘蔗渣均可利用；

(4) 野草类：芦草、芦苇、黑麦草等；

(5) 壳类：谷壳（砻糠）、花生壳、棉籽壳、玉米芯、豆类壳均可作为培养基；

(6) 香菇、杏鲍菇、金针菇等废料均可以使用。

2. 原料处理

原料处理是生料栽培竹荪的一个关键环节。原料处理要求做到：

(1) 切破：原料的切碎与破裂，主要是破坏其整体，促使植物活组织死亡，经切破的原料容易被菌丝分解吸收。

(2) 晒干：不论是竹类或是木类、野草和秸秆类均要经过干晒，因为新鲜的竹、木类，本身含有生物碱，经过晒干的基质，其体内活组织被破坏而死亡，同时生物碱也得到挥发消退，又有利于贮藏。实践证明翻晒过的培养料，菌丝吃料早、生长快，这是一个不可缺少的工序。

(3) 竹荪室外生料栽培主要以竹类加工的下脚料——竹屑为主，配以其他如谷壳（砻糠）、芦苇秆、玉米秆、黄豆秆、甘蔗渣、木屑等，采用屑加砻糠或菌糠作培养基，以各半为好，每亩大田用料4000千克左右。

（4）堆制发酵

竹荪是腐生菌，为了使菌丝能够早吃料、速生长，准备好的混合培养料，要加水65%，充分吃透水分，每50千克料加入0.25～0.5千克磷肥或进口复合肥，然后堆制发酵。一是利用发酵产生的热能，杀死培养中部分杂菌和害虫卵块；二是软化粗纤维，增加培养中可溶性物质，有助于竹荪菌丝分解吸收，促使竹荪快速生长，防止杂菌生长。

3. 场地选择

栽培大田的选择：应选择向阳、交通便利、背风保温、水源充足、排水良好，土壤腐殖质高的沙性壤土或菜园地。场地的整畦：先在大田四周开好排水沟，一般畦床宽0.8～0.9米，长度视场地而定，以10～15米为好，床与床之间设人行通道，宽20～30厘米，成“龟背形”，畦底的土要控松，以保证畦内不积水。畦造好后，就可在畦床内外喷洒专用药剂清杀害虫。

4. 栽培季节

播种期气温不宜超过25℃，根据浙南地区的气候条件，春播时间一般在3～4月播种，到6月下旬开始产菇，适应竹荪环境条件要求，既可以提高产量，又赢得了套种作物的生产季节，达到双丰收目的。

5. 播种

由于竹荪是好气性真菌，播种时应选多云或阴天为好。采用龟背式以增加出菇表面面积，提高产量。铺料：把经过发酵的培养料，铺到按畦宽比例分好的畦床上，厚度10～12厘米。在铺料时要按粗细结合、底粗顶细的原则，顺畦铺平压实，如用砻糠作配料的，可以先铺砻糠，再铺竹屑。播种：压实后再播种菌种，菌种以掰开一寸见方为宜，间隔密度在20～25厘米。盖面：再铺一层2厘米厚的培养料盖面。覆土：一般边播种，边覆土，边清理畦沟

(畦沟就是人行道)，覆土厚度在3～5 厘米，畦沟底深要达 10 厘米左右，以利于排水。遮盖物：最后盖上稻草、青草、竹叶、狼衣(芒萁）等作遮盖物，适时种上遮阴作物。简易遮阳网棚或套种遮阴。

竹荪既可免棚露地栽培，也可在搭棚简易遮阳网棚，在高温期创造更好的阴凉环境，提高产量和质量。

套种农作物遮阴也是一种很好的栽培模式，一可为竹荪遮阴，二可增加收入。农作物套种时间一般在“清明”左右，也就是在竹荪播种覆土后 15～20 天，在畦旁（也可畦内）播种农作物种子。套种作物一般是大豆、芋艿、棉花、玉米、黄瓜等高秆作物。实践证明，种植中迟熟大豆遮阴通风效果最好。

6. 发菌管理

做好播种后发菌管理是获得竹荪高产的重要环节。

(1) 菌化期：播种后 5～15 天，亦称吃料期，是指菌丝定植后向木、竹料纤维表层、填料的四周及内部纵深扩展，吸收养分。管理上主要是保持复土层不干湿，控制好栽培温度，不要随意翻动以免损伤菌丝。

(2) 培养期：4～5 月中旬是竹荪菌丝生长期，关键是保湿保温。竹荪菌丝的生长最适温度是 20～28℃，20℃以下可盖地膜保温（盖地膜每天要通风一次，每次 30 分钟，28℃以上及时揭膜)。低温多雨天气，要排水通气，增加地温。连晴数天，畦内湿度下降到 60%以下时，要适当对畦面喷水。培养期可以向菌床四周的地面上撒石灰粉或喷杀菌剂药液在遮盖物上，防止霉菌交叉感染。

7. 出菇管理

6 月下旬开始产菇，正处于梅雨季节，十分适应竹荪环境条件要求，有利于提高产量。

(1) 原基期（幼蕾期)：菌丝上面后，再经过 15～20 天时间，就开始进入原基期，在培养料表面布满已生理成熟的绒状菌丝，慢慢向地表延伸，膨大成绒状或索状。在适宜的气候条件下分化形成竹荪原基——直径约1.2厘米的白色小球（即竹荪球），菌球长在落叶层或腐殖土层表面时，因未见光，呈白色。在此期间管理主要是保持菇床适宜的含水量（土湿），控制光照量，增加湿度到90%。

（2）菌蛋期：再经10～15天就逐渐进入生殖生长时期，即菌蛋期，幼蕾和下部菌索同时增大成为菌蛋，在此期间对湿度要求更高，既要经常喷水保湿，又不能积水。

（3）出菇期：在播种后80～100天，子实体形成，进入出菇期，湿度保持在90%～95%，温度控制在20～30℃竹荪出菇最好。在出菇阶段喷水时间应安排在早上7点以前，7点后开始出菇，不能喷水。竹荪喷水要求四看：一看遮盖物，竹叶或稻草变干时，就要喷水；二看覆土，覆土发白，要多喷、勤喷；三看菌蕾，菌蕾小，轻喷、雾喷；菌蕾大多喷、重喷；四看天气，晴天，干燥蒸发量大，多喷，阴雨不喷。这样才确保长好蕾，出好菇，朵形美。在7、8月份旱季，每隔5～7天要灌跑马水一次，让水淹至料底为宜，达到增加土壤湿度降低温度的目的。

8. 及时采收

竹荪成熟的子实体有菌盖、菌裙、菌柄、菌托四部分。采收时的子实体（即菇体）从菌球中破壳伸展至放裙只需3～4小时，当天开伞裙多在上午8～11时，应及时采收，不能过夜。时间太长菌盖中墨绿色的孢子液会自溶滴落到菌裙和菌柄上，影响竹荪的品质颜色。采收时应专收专放，采收后的鲜竹荪应及时剥去外壳，摊开晾放，保护竹荪整体完善不破。

9. 采后管理

当第一潮菇采收后适当增施肥料，促进下一潮菇蕾形成。肥料以农家肥为主，每亩用废菌料肥500千克、复合肥25～30千克，混合堆制沤5天，撒在畦面上即可。也可采用玩具废料，暴晒后加杀虫杀菌剂喷洒后堆放一天，摊开散气后再加复合肥2.5~5千克撒施畦面。一般经过10~15天即可进入下一潮菌蕾发生期，形成第二潮产菇，一般高产菇可采收三潮。

四、烘干加工

平摆上烘干竹蓠（一般双层摆放），然后烘干灶加温烘干脱水。简易烘干灶要用耐高温鼓风机和砖浆砌成。烘干时应注意保持竹荪整体完善，菌裙不破，颜色洁白，烘干越快越好。烘不得当，就会影响产品质量。脱水烘干后的竹荪应及时分级整理，捆扎成把装入薄膜袋内，一般装500克或1000克一袋为宜，放在黑暗处贮存待售。

注意：竹荪也可晒干，但干品带黄色，产品质量欠佳。

五、病虫害防治

竹荪是一种名贵的珍品，子实体生长期禁止使用药物防治，病虫害发生给防治带来了很大的困难。因此只能以防为主，采取综合防治措施。

竹荪的主要病害有青霉、绿霉、毛霉、曲霉等，来自菌种带菌或栽培料带菌；其次是条纹鬼伞菌，病源来自土壤或栽培料。霉菌及杂菌防治用用食用菌杀菌剂，在菌蕾及子实体生长时期忌用药物防治，如发现杂菌孢子（有颜色）产生，可用碳铵或石灰进行覆盖消毒，抑制杂菌的蔓延。

竹荪的主要虫害有白蚁、螨虫、鼠害等。

（1）白蚁防治：人工捕杀，找蚁巢彻底消灭。药物封锁：在周围挖掘沟坑，施上药物。

（2）螨类害虫用食用杀螨剂或食用菌特效杀虫剂。注意：为防止杂菌大面积感染造成减产损失，竹荪栽培田不宜连作，应改种水稻，三年后方可重新种植竹荪。

参考文献

[1] 中共中央《关于深化文化体制改革推动社会主义文化大发展大繁荣若干重大问题的决定》，2011

[2] 农村劳动力培训阳光工程读本. 农业部科技教育司组编，2011

[3] 浙江省财政支农惠农政策解读. 中国财政经济出版社，2010

[4] 浙江省惠农政策百问. 浙江省农业厅组编，2012

[5] 金连登,朱智伟. 中国有机稻米生产加工与认证管理技术指南［M］. 北京：中国农业科学技术出版社，2005

[6] 郭春敏,李秋洪，王志国. 有机农业与有机食品生产技术［M］. 北京：中国农业科学技术出版社，2006

[7] 沈晓昆. 稻鸭共作：无公害有机稻米生产新技术［M］. 北京：中国农业科学技术出版社，2003

[8] 林克明,林明煌，林文灿. 有机水稻的种植与规划［M］. 中国产业，2010

[9] 邵伟等. 有机水稻的生产与开发［M］. 南京农专学报，2002 (2)24 ~ 26